手を動かしてわかる

クリーン アーキテクチャ

ヘキサゴナルアーキテクチャによるクリーンなアプリケーション開発

Tom Hombergs 著
須田 智之 訳

Get Yo Hands Dirty
n Clean Architecture:
Build 'clean' applications
with code examples in Java, 2nd Edition

インプレス

■本書情報および正誤表のWebページ

正誤表を掲載した場合、以下の本書情報ページに表示されます。

https://book.impress.co.jp/books/1123101096

※本文中に登場する会社名、製品名、サービス名は、各社の登録商標または商標です。
※本書の内容は原著執筆時点のものです。本書で紹介した製品／サービスなどの名前や内容は変更される可能性があります。
※本書の内容に基づく実施・運用において発生したいかなる損害も、著者、訳者、ならびに株式会社インプレスは一切の責任を負いません。
※本文中では®、TM、©マークは明記しておりません。

ソフトウェア開発の外にも世界があることを思い出させてくれる妻、
Rike、そして、子どもたち、NoraとNiklasに本書を捧ぐ。

——Tom Hombergs

序文

ソフトウェア開発者にとって楽園とはどのようなものでしょうか。それは、開発対象のソフトウェアにおいて、ドメインに関するロジックのテストが作りやすく、インフラや特定の技術をモックに置き換えることが容易で、ドメインに関するコードと技術的なコードの分離も明確で、さらに、使用している技術を別の技術に変更するのも簡単になっていれば、それはソフトウェア開発者にとって楽園と言っても過言ではないでしょう。そのようなソフトウェアであれば、顧客が翌日までに必要とする面倒な新機能をどのコードに実装すべきかというような議論を延々と行なう必要はなくなります。まさに、このような**クリーンアーキテクチャ**の概念を実現する考えや方法を、本書は読者の皆さんに提示してくれます。

ここ何年か、クリーンアーキテクチャの基盤を成す考えは様々な名称で呼ばれ(たとえば、ヘキサゴナルアーキテクチャ、ポート&アダプタ、オニオンアーキテクチャ、そして、クリーンアーキテクチャなど)、その情報が残されてきました。このようなアーキテクチャの基本的な考えは非常にシンプルで、「ソフトウェア内のドメインに関するコードと技術的なコードをどのように分離するのか」というものです。そして、そのときの依存の流れは内側に、つまり、技術的なコードからドメインに関するコードに向かうようにします。その結果、ドメインに関するコードには技術的なコードへの依存が存在しないようになります。

残念なことに、クリーンアーキテクチャに関する情報のほとんどは、どのようにパッケージとコードを整理するのかについて触れることはありませんでした。しかし、本書はまさにその欠けている部分を補い、現実的な例を用いて、保守がしやすく、クリーンなアーキテクチャをどのように構築するのかを説明するものとなっています。

あなた自身のために、そして、あなたの同僚のためにもクリーンアーキテクチャによるアプローチを試してみてください。きっと、その試みに後悔することはないと私は強く信じています。

——Gernot Starke

ドイツのケルンにて、2023年7月

1990年代からの経験を持つ実践的なソフトウェアアーキテクト。
arc42の創設者であり、iSAQB（international Software Architecture
Qualification Board）の創設者であり、ソフトウェア開発の熱狂者

はじめに

きっと、本書を手に取った読者は開発しているソフトウェアに対してどのようなアーキテクチャを構築すればよいのか常に探求している人だと思います。そして、開発するソフトウェアに対して顧客が明示的に提示した要求を満たすだけではなく、保守のしやすさなどの隠れた要求に応えることや自分自身が持っているアーキテクチャに対する構造と美学への追求もしたい、と考えている読者なのだと想定しています。

実際のところ、これらの要求を満たすことは簡単なことではありません。なぜなら、ソフトウェアの開発において、プロジェクトが最初に立てた計画に沿って進むことは滅多にないからです。開発チームが行なうすべてのことに対して管理職の人たちが実現不可能な期日（deadline）[1]を設けたり、外注したAPIが事前の話とは異なるものであったり、使用することを決めていたソフトウェアの製品が想定したようには機能しなかったり、これらに類する話は開発者であればどこかで聞いたことがあるでしょう。

それでは、今度は私たちが開発しているソフトウェアのアーキテクチャに目を向けてみましょう。ソフトウェアの開発が始まった頃であれば、そのアーキテクチャは非常に素晴らしく、すべてが明確で美しくまとまっていることかと思います。しかしながら、納品の期日が迫ってくると、アーキテクチャを壊すような短絡的な実装をすることを強いられるようになり、その結果、そのような短絡的な実装がアーキテクチャのいたるところに散在し、新しい機能を提供するのにより多くの時間を費やすようになってしまいます。

【1】「deadline（期日）」という言葉は19世紀に牢屋や捕虜収容所に引かれていた線のことで、囚人や捕虜がこの線を越えると、その囚人や捕虜は脱走を試みているとみなされて射殺されることから来ているそうです。今度、誰かがあなたに対してデッドラインを設けたときのことを想像してください。きっと、新しい観点でこのことを見ることができるようになるでしょう。
https://www.merriam-webster.com/words-at-play/your-deadline-wont-kill-you

そして、そのような短絡的な実装が散在するアーキテクチャは、たとえば、外注していたAPIが想定していたとおりに機能しないため、自分たちが作成したAPIを変更しなければならなくなった場合、その対応を速やかに行なうことが難しくなります。そうなると、プロジェクト管理者を外注した会社に送り込み、事前に認識していたとおりのAPIを提供させるようにプロジェクト管理者を闘わせるほうが簡単に問題を解決できると考える現場の開発者もきっといることでしょう。

しかし、そのような対策を取ったとしても、結局のところ、次に挙げる結果のいずれかになってしまう可能性がなくなることはありません。

- プロジェクト管理者は外注した会社に言いくるめられ、その闘いに敗北してしまう。
- 外注した会社はAPIの仕様に含まれた抜け穴を見つけ出し、その結果、その機能しないAPIが仕様を満たしていることになってしまう。
- 外注した会社がそのAPIを修正するのにさらなる月日が必要となる。

どのような結果であれ、私たちがすべきことは同じです。それは、期日に間に合うように自身のコードを速やかに修正しなければならないということです。

そして、さらなる短絡的な実装が加えられてしまうのです。

本書の目的は、このような外部の要因によってアーキテクチャが崩壊することを防ぎ、アーキテクチャを自分たち自身で制御できるようにすることです。このような制御はソフトウェアを「ソフト」にすることによって実現できます。つまり、柔軟性があり、拡張しやすく、適用しやすいアーキテクチャを構築するのです。このようなアーキテクチャを構築すれば外部からの要因への対処が簡単に行なえるようになるため、多くの圧力から自分たち自身を守れるようになります。

本書の目標

本書を書いた理由はドメインを中心としたアーキテクチャ、たとえば、Robert C. Martin氏【訳注1】が提唱した「クリーンアーキテクチャ」の概念やAlistair Cockburn氏【訳注2】が紹介した「ヘキサゴナルアーキテクチャ」の考えに関する実践的な書籍が見当たらなかったからです。

たしかに、多くの書籍やオンライン上のリソースには、価値のある概念を説明しているものもありますが、実際にどのように実装するのかを説明したものはほとんどありません。

このようになっている理由は、おそらく、どのようなアーキテクチャであっても適切な実装の方法は1つではないからでしょう。

本書では、この空白の部分についてヘキサゴナルアーキテクチャ（もしくは、ポート&アダプタ）を用いたWebアプリケーションを構築しながら、実際に手を動かして考えていきます。そして、本書が提示するコードと概念は、ヘキサゴナルアーキテクチャをどのように実装するのかに関する私の解釈になります。そのため、本書とは異なる解釈ももちろん存在し、本書が提示するものだけが絶対的に正しいというわけではないことを認識しながら本書を読み進めてください。

とはいえ、本書が何らかの刺激を読者の皆さんに与えることができ、読者の皆さんが自身の状況に最も適したクリーンなアーキテクチャを構築できるようになれば、著者としてこれに勝る喜びはありません。

【訳注1】 「Bobおじさん（Uncle Bob）」の愛称で知られるプログラマ。俗に言う「Cleanシリーズ」と呼ばれる書籍（『Clean Architecture』、『Clean Code』など）の著者。
https://en.wikipedia.org/wiki/Robert_C._Martin

【訳注2】 アメリカのコンピュータ科学者で『アジャイル・マニフェスト』の著者の一人。
https://en.wikipedia.org/wiki/Alistair_Cockburn

対象読者

本書は何らかのWebアプリケーションを構築した経験があるすべてのソフトウェア開発者に向けて書いたものです。

もし、あなたがあまり経験のない開発者であれば、どのようにソフトウェアを構成する要素を設計し、クリーンで保守のしやすい形でアプリケーションを構築するのかについて本書から学べるでしょう。そして、開発における特定のテクニックをどのような場合に適用するのかについても本書では考えていくようになっています。本書を最大限に活用するためには、本書を読む前に何らかのWebアプリケーションの開発に携わった経験が一度でもあることが望ましいです。

一方、もし、あなたがすでに経験のある開発者であれば、本書が提示する考えをあなた自身の経験と照らし合わせることで楽しんでもらえるかと思っています。そして、現在あなたが行なっている開発手法に何らかの肯定的な影響を本書が与えることができればと望んでいます。

本書のコード例はほとんどがJavaで一部だけKotkinを用いていますが、本書で述べていることは他のオブジェクト指向プログラミング言語であっても適用できると考えています。つまり、Javaの経験がなくても、他のオブジェクト指向プログラミング言語を読めるのであれば本書は問題なく読むことができるはずです。コード例の中にはJavaやフレームワーク（特にSpring）などの特有の知識を必要とする箇所がいくつか出てきますが、それらについてはきちんと説明するように心がけています。

本書のサンプル

本書では、「BuckPal」[2] というオンラインで送金を行なうことを目的とするサンプルのWebアプリケーションを繰り返し扱うことで、どのようにしてアーキテクチャを保守のしやすい構造にするのかについてを考えていくようになっています。

この「BuckPal」というWebアプリケーションはユーザーがオンライン上で銀行口座を登録することで、別の銀行口座に送金したり、自身の口座の取引履歴（引き出し、預け入れの履歴）を見たりすることを可能にするものです。

ちなみに、私は会計処理に関しては完全な素人なので、このアプリケーションが法律的に適切なのかどうかには自信がなく、会計処理が不正確であったり、機能が不完全であったりする箇所もあるかもしれませんが、そのことで私を責めないでください。それよりも、アプリケーションの構造や保守のしやすさに目を向けてください。

ソフトウェア開発に関する書籍やWebサイトが提供するサンプルアプリケーションは非常に簡素化されており、実際に開発者が直面するであろう問題を反映していないことがよくあります。その一方で、そのようなサンプルアプリケーションは扱っているテーマが明確に伝わるように十分にシンプルなものにしなければなりません。そのため、本書が提供するサンプルアプリケーションは単純になりすぎず、かといって、複雑になりすぎないようにうまくバランスを取るように努めました。

本書で使用するサンプル用アプリケーションのコードは次のGitHubのページからダウンロードできます。

- https://github.com/thombergs/buckpal

【2】「BuckPal」という名前で検索したところ、本書で提示しているWebアプリケーションの考えだけではなく、その名前も盗んだPayPalという会社を発見しました……という冗談はさておき、「PayPal」に似た名前の存在しない会社を見つけ出すことはなかなか興味深い体験でした。

訳者まえがき

私がTom Hombergs氏の『Get Your Hands Dirty on Clean Architecture, 2nd Edition』(Packt Publishing、2023年)を翻訳しようと思い立った理由は、単純にわかりやすかったからという一点に尽きます。本書のわかりやすさの要因の1つは、本書を通してほぼ1つのアプリケーションを使って説明しているため、アプリケーションがどのように成長していくのかを自分自身の経験と照らし合わせやすいことにあります。さらに、どのような設計にするのがよいのかに関して複数の選択肢を提示し、それぞれのメリットとデメリットを論じているのも評価できます。

本書に興味を持った読者の中には、本書を読む前に、原著者が本書を執筆するきっかけとなったRobert C. Martin氏の書籍『Clean Architecture：達人に学ぶソフトウェアの構造と設計』(KADOKAWA、2018年。原題『Clean Architecture』)を読むべきだろうかと考える人もいると思います。この点に関する訳者の意見としては、それはどちらでもいいし、読者によってどちらを先に読んだほうがよいのかは変わると思っています。というのも、書籍『Clean Architecture』はどちらかというと原則や理論に関する説明が多いため、開発経験がないと具体的にどうするのか想像しづらいのではないかと思っているからです。読者としては、具体例が欲しいでしょうし、その原則や理論の答えとなるような具体例があれば、『Clean Architecture』に述べられていることをより簡単に想像できたり理解できたりすると思います。まさに、その具体例を提示しているのが本書なのです。

経験のない読者であれば、本書を先に読みつつ、知らない原則や概念が出てきたら、そのタイミングで、『Clean Architecture』の該当箇所を読んでみるというような読み方もできると思っています。逆に、すでに経験がかなりある読者であれば、先に『Clean Architecture』を読んで、そこに書いてある原則や概念を思い出し、それから本書を読んで、実際にその読者が構築することになるであろうアーキテクチャについて考える、という読み方もできるでしょう。

また、クリーンアーキテクチャについてインターネットで調べてみると、どのようにクリーンなアーキテクチャを実装するのかをテーマにして書かれた記事がたくさん見つかります。しかし、本書のように複数の選択肢を提示してそのメリットとデメリットについて述べているような記事は多くの初歩的な記事に埋もれてしまって、話題にでもならないかぎり、簡単には見つけ出せなくなっています。

原著者も注意喚起していますが、本書で提示している実装の仕方や考え方がクリーンなアーキテクチャを構築するための唯一の方法というわけではありません。そして、私がこれまで翻訳してきた書籍の訳者まえがきでも述べてきたように、最善の開発手法は結局のところ現場の数だけあると私は考えています。そのため、本書に書いてあることに賛同する読者もいれば、賛同しかねると考える読者もいらっしゃるでしょう。とはいえ、本書に書いてあることの大部分は賛同できるのではと思っています。そして、原著『Get Your Hands Dirty on Clean Architecture』が私の本棚に追加されたように、本書もまた、読者の皆様の本棚に並べられる一冊となることを望んでいます。

須田 智之

目次

第 **11** 章

短絡的な実装への意図した選択

第 **12** 章

アーキテクチャ内の境界の維持

第 **13** 章

複数の境界づけられたコンテキストの管理

1

保守容易性

本書はソフトウェアを支えるアーキテクチャをテーマに話を進めていきます。アーキテクチャとは「仕組みや手続きの構造」を表わす言葉で、本書においては「ソフトウェアシステムの構造」のことを指します。

そして、このアーキテクチャを用いることでソフトウェアの構造は目的を持って設計されるようになり、開発者はその目的であるソフトウェアへの特定の要求を満たすことを意識して、ソフトウェアの設計をすることになります。このとき、満たさなければならない要求の中には機能要求があり、その機能要求とは、ソフトウェアのエンドユーザーがそのソフトウェアを使うことで価値を生み出すものになります。そのため、その要求された機能が備わっていなければ、そのソフトウェアはエンドユーザーに価値をもたらすことができないため、無価値なものとなってしまいます。

さらに、ソフトウェアは**品質要求**（もしくは、**非機能要求**とも呼ばれます）を満たすことも求められます。品質要求とは、ソフトウェアに対してエンドユーザー、開発者、ステークホルダー（利害関係者）が品質の高さとして要求するもので、その品質要求の中には**保守容易性**が含まれています。

もし本書の主張が、機能を備えることよりも保守容易性という品質のほうが重要であり、ソフトウェアの設計においては保守容易性が何よりも優先的に考えなければならないというものだとしたら、あなたはどのように思うでしょうか？　そこで本書では、保守容易性がソフトウェアにおいていかに重要な品質なのかを最初に確認し、その重要性を理解してもらえたあとは、より優れた保守容易性をソフトウェアに備えるために、**ヘキサゴナルアーキテクチャ**を用いて**クリーンなアーキテクチャ**をどのように構築するのかを見ていきます。

1.1　保守容易性とは?

保守容易性はソフトウェアのアーキテクチャが備えなければならない数ある品質要求の中の1つにすぎません。そこで、私がChatGPTに対して、品質要求には何があるのかについてたずねたところ、次のような答えが返ってきました。

- スケールのしやすさ（scalability）
- 柔軟性（flexibility）
- 保守容易性（maintainability）
- セキュリティ（security）
- 信頼性（reliability）
- モジュール化のしやすさ（modularity）
- パフォーマンス（performance）
- 相互運用のしやすさ（interoperability）
- テストのしやすさ（testability）
- 費用対効果（cost-effectiveness）

リストはまだまだ続きます[1]。

ソフトウェアのアーキテクトとして、私たちは開発するソフトウェアにとって最重要とされる品質要求を満たすようにソフトウェアを設計します。たとえば、高いスループットが要求される株取引などを扱うアプリケーションを開発するのであれば、スケールのしやすさと信頼性を特に意識して開発することとなり、個人情報を扱うアプリケーションを開発するのであれば、セキュリティに特に目を向けて開発することになります。

ですが本書では、保守容易性に関しては他の品質要求と同じように扱うべきではないと考えています。なぜなら、保守容易性は特別なものだからです。もし、ソフトウェアが保守をしやすいようになっていれば、そのことは変更も容易に行なえるようになっていることを意味します。もしソフトウェアが変更しやすくなっているのであれば、そのソフトウェアは柔軟性が高く、モジュール化もしやすくなっている可能性が高いと推測でき、費用対効果も高いことが予想されます。なぜなら変更を簡単に行なえるのであれば、変更に対するコス

【1】（言語モデルではなく人間によって作られる）ソフトウェアの品質に関してさらに考えたい人は「arc42 Quality Model」（https://quality.arc42.org/）を読むことをお勧めします。

トがあまりかからなくなるからです。そのため、開発するソフトウェアが保守をしやすくなっているのであれば、必要に応じてスケールしたり、セキュリティを強化したり、信頼性を高めたり、パフォーマンスを向上させたりすることが行ないやすくなります。さらに、ソフトウェアに対する変更も行ないやすくなるため、他のシステムと相互運用するための変更も楽に行なえるようになります。加えて、保守容易性はテストのしやすさにも大きな影響を与えます。というのも、通常、保守のしやすいソフトウェアは小さくて簡潔なコンポーネントを組み合わせて構築される設計になっているため、自然とテストのしやすいコンポーネントに分割できるようになるからです。

ここで、これまでに見てきたことを振り返ってみましょう。まず本書では、AIに対して、ソフトウェア開発における品質要求には何があるのかについてたずね、AIが挙げた品質要求の多くが保守容易性につながることを見てきました。もし、望むのであれば、本書で取り上げなかった品質要求であっても、同じような理屈で、それらがいかに保守容易性と深い関係を持つのかについて説明できることでしょう。読者の中には、本書の主張は単純化しすぎていると感じる人もいるかもしれませんが、核となることに関しては真実です。もし、ソフトウェアが備える保守容易性が高いのであれば、機能的な観点なのか、非機能的な観点なのかにかかわらず、どのような方向にも変更しやすくなります。そして、開発しているソフトウェアに対して変更することを求められるのは珍しいことではないことを私たち開発者はすでに知っています。

1.2　保守容易性によって実装可能になる機能

それでは、本章の冒頭で述べた、保守容易性は機能を備えることよりも重要であるという本書の主張について再度見ていきましょう。

もし、ソフトウェア開発の責任者に対して、ソフトウェアにおいて何が一番重要なのかたずねると、その責任者はソフトウェアがユーザーに提供する価値だと答えることでしょう。そのため、ソフトウェアがユーザーに対して価値を提供できないのであれば、ユーザーはそのソフトウェアにはお金を払う価値がないと結論づけることでしょう。そして、そのソフトウェアにお金を払うユーザーがいないのであれば、そのソフトウェアのビジネスモデルは破綻している、つまり、ビジネスの世界において、そのソフトウェアが成功することはない、ということになります。

開発者はユーザーに対して価値を提供できるソフトウェアを作らなければなりませんが、そのために保守コストを犠牲にすべきではありません[2]。ここで想像してほしいのは、変更が容易なソフトウェアに新たな機能を加えることが、ソースコードの1行ごとに格闘することが強いられるようなソフトウェアと比べて、いかに効率的で喜ばしいことなのかということです。読者の中にも、備えるべき機能のことだけを考えれば、数時間で実装が終わるはずの作業であるのにもかかわらず、あまりにも煩雑で不可解な儀式を何度も行なわなくてはならない作りになっているため、その機能を完成させるまでに何日も（もしくは何週間も）かけることになったという経験をした人はきっといるはずです。

このように、保守容易性はソフトウェアが適切な機能を提供できるようになることを支える鍵となる要素なのです。結局のところ、保守がしにくいと、図1.1で示すように、機能を追加したり変更したりすることにより多くのコストと時間をかけることになってしまいます。

【2】 本書の文脈において、「保守容易性」は「コードベースに対する変更容易性」と同じ意味を持つ用語として扱っています。保守容易性についての定義に関しては https://quality.arc42.org/qualities/maintainability にも目を通して考えてみるのもよいでしょう（結局のところ、保守を行なうにはソフトウェアに対する変更を扱わなくてはならないのです）。

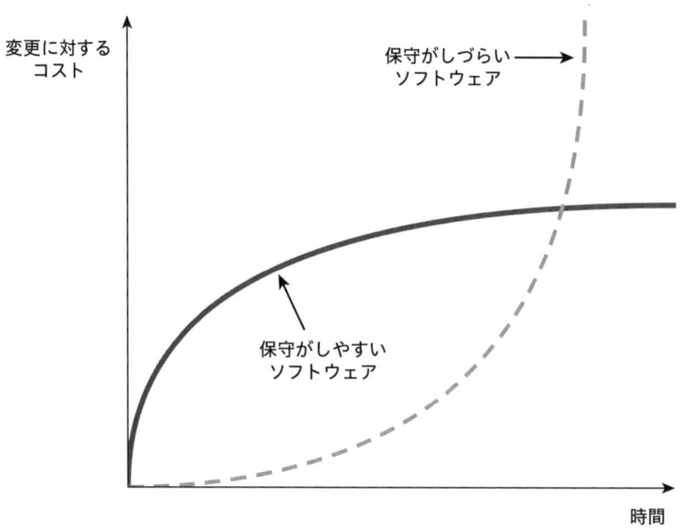

図1.1　長期的に見ると、保守がしやすいソフトウェアは保守がしづらいソフトウェアと比べて変更に対するコストを低く抑えられる

担当しているソフトウェアが保守のしづらい作りになっている場合、機能に変更を加えることは高いコストが課せられることを意味し、結果として、簡単には変更できなくなってしまいます。そうなると、営業担当者や経営陣は変更にかかるコストに対して開発者たちに文句を言ってきますが、開発者たちは新しい機能を提供するほうがコストをかけずに変更できる作りにすることよりも優先度が高いことを伝え、自分たちには非がないことを主張することになります。このように、ソフトウェアが保守のしにくいものになっていると、変更のコストは上がり、開発者と非開発者とのあいだで衝突が起こりやすくなるのです。

しかしながら、保守がしやすくなれば、このような衝突を回避でき、開発に平穏がもたらされます。なぜなら、保守がしやすければ変更に対するコストを抑えることができ、非開発者たちとの衝突を減らせるようになるからです。ソフトウェアの保守容易性をこのような観点から見る人はあまり多くはないでしょう。しかし、本書では、この保守容易性も投資する価値があると考えています。

とはいえ、保守がかなりしづらいのにもかかわらず、結果として成功している巨大なソフトウェアが存在しているという事実を考慮すると、本書の主張は間違っているのではないか、と疑問を持つ読者もいるかもしれません。たしかに、ほとんど保守できるような状態ではないのにもかかわらず、金銭的に成功しているソフトウェアは存在します。私はかつて入力画面に入力フィールドを1つ追加するだけのことに数週間かかるプロジェクトに参加したことがあります。そして、驚くべきことに、そのソフトウェア開発のクライアントは喜んで開発者が費やす時間にお金を払ってくれたのです。

通常、このようなソフトウェアは次に挙げる2つの条件のうち、どちらか（もしくは、両方）を満たしています。

- ソフトウェアとしての寿命が尽きかけており、変更はほとんど発生せず、発生したとしても稀である場合
- 金銭的に裕福な組織が所有するソフトウェアであり、問題の解決に対してお金を払うことへの抵抗がない場合

もちろん、ほとんどの場合、ソフトウェアに大金を費やすことができる組織であっても、保守容易性の向上に投資すれば、保守コストを抑えられることを認識しています。そのため、通常であれば、ソフトウェアの保守容易性を向上させるための取り組みがすでに行なわれているはずです。

私たち開発者はソフトウェアの保守容易性に常に目を向けて、そのソフトウェアが恐ろしい**巨大な泥団子**になってしまうことを防がなければなりません。しかも、開発しているソフトウェアが先ほど挙げた2つの条件のうち、どちらも満たしていないのであれば、保守容易性に関してさらなる注意を払う必要があります。

そうなると、私たち開発者は開発するソフトウェアの実装を始める前に、保守容易性が高いアーキテクチャを構築できるように多くの時間を費やして計画を練るべきではないのか、つまり、**事前の大規模設計**（Big Design Up Front：**BDUF**）を行なうべきではないのか（これはしばしば、ウォーターフォー

ル型開発と同じものと思われています）ということが疑問として浮かびますが、答えはもちろん「No」になります。しかしながら、ソフトウェアに対して保守をしやすくするための種を蒔くには、ある程度の設計は事前に必要となります。そうしなければ、ソフトウェアが成長していく中で必要となるアーキテクチャの進化を容易に行なえなくなってしまうからです。

そして、そのような事前に行なう設計にはアーキテクチャを選出し、そのアーキテクチャがガードレールとなって、ソフトウェアの構築が間違った方向に行かないようにする、ということも含まれます。そして、本書は、ヘキサゴナルアーキテクチャ（もしくは、ポート&アダプタ）を用いてクリーンなアーキテクチャにすることが読者の皆様が参加しているプロジェクトにうまく適合するか否かを判断する際の助けとなる情報を提供していきます。

1.3　保守のしやすさによって向上する開発者満足度

開発者にとって、変更を容易に行なえるソフトウェアの開発と変更することが難しいソフトウェアの開発では、どちらが望ましいことなのでしょうか？この質問の答えは明白であり、あえて答える必要もないでしょう。

保守のしやすさは、変更に対するコストを抑えられることに加え、もう1つメリットがあります。そのメリットとは、開発者の満足度が向上することです（もし、参加しているプロジェクトがすでに成功しているのであれば、開発者はそのプロジェクトに参加することに対して少なくとも嫌な気持ちにはならなくて済みます）。

本書では、このような満足度のことを**開発者満足度**（developer joy）と呼んでおり、この概念は**開発者体験**（developer experience）や**開発者有効性**（developer enablement）としても知られています。どの名前を使うにせよ、ここで重視しているのは、開発者たちが本来の能力をうまく発揮できる環境を作り上げるということです。

開発者の満足度は生産性に直接影響を与えます。一般的に、開発者は幸福であれば、より優れた仕事をするようになります。そして、もし、開発者が自身で行なった仕事に誇りを持てるのであれば、開発者はより満足度を得られるようになります。このように、開発者の満足度と生産性のあいだには双方向の関係があるのです（図1.2）。

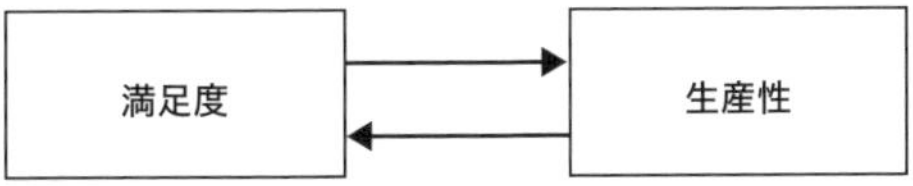

図1.2　開発者の満足度の向上は生産性を向上し、その逆に、開発者の生産性の向上は満足度を向上する

この相関関係は開発者の生産性におけるSPACEフレームワーク[3]の中に含まれているものです。このSPACEフレームワークは開発者の生産性をどのように評価するのかに関して簡単な答えを出すようなことはしておらず、その評価をするための5つの測定項目を定めており、それらの測定項目を組み合わせることで組織やプロジェクトの文脈に適した開発者の生産性を評価できるようになっています。それらの測定項目の1つが「SPACE」の「S」にあたる満足度および健全性（Satisfaction and well-being）であり、これが本書で開発者満足度（developer joy）と呼んでいるものになります。

開発者満足度は単に生産性を向上することにつながるだけではなく、自然と離職率を下げることにつながります。なぜなら、もし開発者が自身の仕事に喜びを感じているのであれば、その組織に残り続けるでしょうし、もしそうでないのであれば、もっと自分に適した環境を求めて、その組織から去っていくからです。

【3】 Nicole Forsgren氏たちが2021年3月6日に発表した「The SPACE of Developer Productivity（https://queue.acm.org/detail.cfm?id=3454124）」によると、SPACEは「満足度および健全性（Satisfaction and well-being）」、「パフォーマンス（Performance）」、「活動量（Activity）」、「コミュニケーションおよび協調性（Communication and collaboration）」、「効率性および流動性（efficiency and flow）」の5つの測定項目を表わしています。

そうなると、保守容易性がこの開発者満足度とどう関係してくるのか、と疑問に思う読者もいることでしょう。そこで、現在担当しているソフトウェアが保守のしやすいものになっている場合を想像してみてください。この場合、ソフトウェアに対してあまり時間をかけずに変更を行なえるため、生産性が向上することになります。そうなると開発者は、いかに効率的に自身が仕事をしているのかを感じられるようになり、自身の仕事に誇りを持てるようになるため、ソフトウェアを変更することに対してより高い満足度を得られるようになります。仮に、現時点において、担当しているソフトウェアが保守のしやすさを開発者が望むほど実現できていなかったとしても（きっと、どのようなソフトウェアであっても、そうなるのが現実ですが）、将来的に保守容易性を改善することに希望を持てるのであれば、開発者は自身が行なっていることに喜びを見出し、より生産的になっていきます。そして、組織がそのような喜びを提供できるのであれば、開発者は組織から去るようなことをあまり考えなくなります。

このことを図示したものが次の図1.3です。

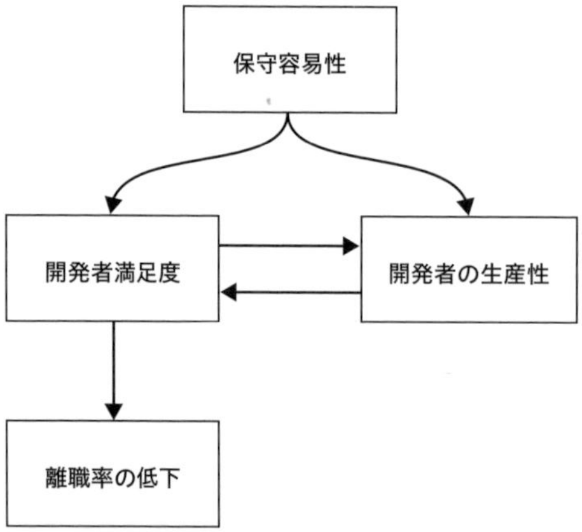

図1.3　保守容易性は、開発者満足度と生産性を向上させることに直接的な影響を与える一方、開発者満足度は離職率の低下に直接的な影響を与える

1.4 保守容易性によって結果が変わる意思決定

ソフトウェア開発において、私たち開発者は常に問題を解決しています。そして、それらの問題のほとんどは解決するための手段が複数存在しています。そのため開発者はどの解決方法を選択するのかを適切に判断しなければならなくなります。

たとえば、新たに追加する機能を実装する際、既存のコードを少しだけコピーして実装するのか、オブジェクトの生成を自分自身で行なうようにするのか、依存注入（Dependency Injection：DI）【訳注1】を用いるようにするのか、状況に応じた特定の異なるオブジェクトを生成できるように複数のコンストラクタを用意するのか、それとも、そのオブジェクトを生成するためのビルダーを用意するのか、など様々なことを開発者は判断しなければなりません。

このような場合、必ずしもすべての選択肢を熟考して判断するわけではなく、現在参加しているプロジェクトでも適用できるように思える過去に用いたパターンや原則（たとえば、次に挙げるもの）を慣習的に適用しがちです。

- コードの重複を見つけたら、DRY（Don't Repeat Yourself）を適用する。
- **テストのしやすさを向上させるため、依存注入を用いるようにする。**
- オブジェクトの生成をより簡潔に行なえるように、ビルダーを導入する。

そこで、これらのパターンや原則にはどのような効果があるのかについて少し考えてみると、それらの多くは、将来発生するであろう変更に対して簡単にコードを変更できるようにする効果、つまり、保守をしやすくする効果があることに気がつきます。このように、私たち開発者が毎日行なっている判断には、特に意識していなくても、保守容易性が関わっているのです。

このことは、今まで経験したことがないような困難な状況に陥り、その状況

【訳注1】「Dependency Injection（DI）」は一般的に「依存性の注入」と訳されますが、本書では、注入されるオブジェクトのことを「依存」と呼んでいるため、「依存注入」と訳しています。

下で決断を下さなくてはならなくなった場合でも同じです。要は、**複数の選択肢の中からどれかを選ばなくてはならなくなった場合、常に将来発生するであろう変更に対して簡単にコードで対応できる手段を選択**[4]すればよいのです。こうすれば、異なる選択肢のあいだで悩む必要はなくなり、次の図1.4で示すように、保守容易性が一番向上する手段を常に選択する、というようにシンプルに決断を下せるようになります。

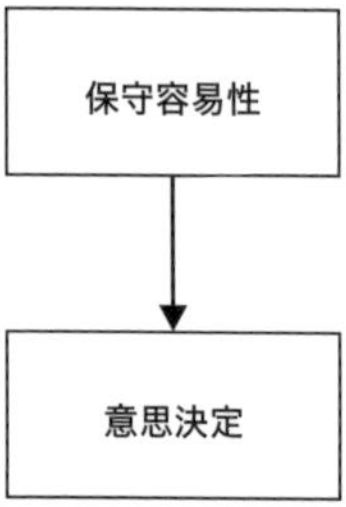

図1.4　保守容易性は意思決定に影響を与える

ほとんどの原則がそうであるように、もちろん、この原則も一般化したものにすぎません。そのため、場合によっては、保守容易性に対して特に何もしないことや、さらには、保守容易性を犠牲にすることさえも正しい選択肢となることはあります。そうだとしても、頼るべきデフォルトのルールとして、保守容易性のことを意識して選択することは日々の意思決定を簡素化するための指針となります。

【4】 書籍『The Pragmatic Programmer』（Addison-Wesley、1999年）の著者の一人であるDave Thomas氏がオーストラリアで開催された「YOW! Melbourne 2022」に登壇した際に変わりやすさを基盤として判断を下すための原則のことを「すべてをルールで縛るための1つのルール（One Rule to Rule Them All）」と名付けました。残念なことに、このときに彼が話したことをインターネット上で見つけることはできませんでした。いつか、彼のWebサイト（https://pragdave.me/talks-and-interviews.html）に加えられることを望んでいます。〔訳注：現時点ではYouTubeにあります。https://www.youtube.com/watch?v=QvK3Pxmwcyc〕

1.5　保守容易性の維持

これまでの説明で、保守容易性が開発者の満足度、生産性、意思決定に良い意味での影響を与えることを理解してもらえたと思います。そうなると、コードベースを改善したとして、その改善が保守容易性を向上させる（もしくは、少なくとも低下させない）ことを私たち開発者はどのようにして知ることができるのでしょうか？　そして、どうすれば保守のしやすさを長いあいだ維持できるようになるのでしょうか？

これらの疑問への答えは、保守のしやすいコードを簡単に作れるようにするアーキテクチャを構築し、そのアーキテクチャを維持することです。優れたアーキテクチャは、どのようにコードを書くのかを簡単に把握できるようになっています。そして、そのようなコードベースは既存の機能に変更を加えることや新たに機能を加えることを簡単に行なえるようになっています。なぜなら、アプリケーションを構成するコンポーネント間の依存関係は明確になっており、その依存関係が複雑になることはないからです。まとめると、優れたアーキテクチャを選択すれば、保守容易性は向上するということです（図1.5）。

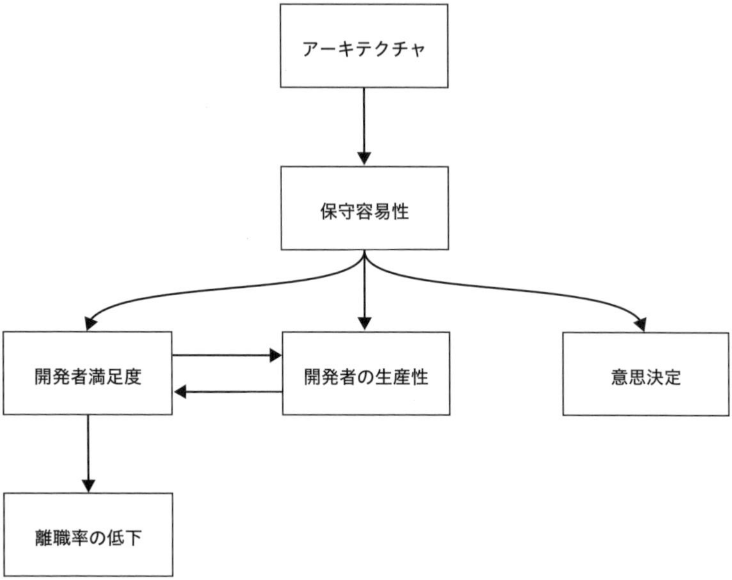

図1.5　アーキテクチャを選択することはソフトウェアの保守容易性に影響を与える

このことをさらに追求すると、優れたアーキテクチャは開発者の満足度や生産性の向上、離職率の減少、意思決定における容易さにも影響を与えることになります。そして、このことをさらに探求していくと、アーキテクチャから直接的にも間接的にも影響を受けるものはさらに増えていくことになります。

このように、優れたアーキテクチャが何をもたらすのかを考えた場合、どのようにコードを配置するのかについてもう少しだけ検討を加えるべきである、という結論に達するようになります。たとえば、コードが書かれたファイルをどのコンポーネントにまとめるのか、コンポーネント間の依存関係をどのように管理するのか、コードベースの変更を柔軟に行なうためには、どの依存が必要で、どの依存が不要となるのか、などです。そして、これらのことを究明していくことがまさに本書の目的なのです。本書では、コードベースを保守しやすくするためには、どのようなコードベースを構築するのがよいのか、その解決方法を提示していきます。その解決方法とは、ヘキサゴナルアーキテクチャを用いてクリーンなアーキテクチャを実現するというものです。しかし、本書が提示するアーキテクチャはソフトウェアを構築する上で発生する問題をすべて解決するような銀の弾丸[訳注2]ではありません。つまり、本書で見ていくアーキテクチャはすべての種類のソフトウェアに適しているわけではありません。このことについては第15章で詳しく見ていきます。

【訳注2】 それさえあれば、すべてを解決できるようなもの。
参考：銀の弾丸（Wikipedia） https://ja.wikipedia.org/wiki/銀の弾丸

2

従来の多層アーキテクチャの何が問題なのか?

本書を手に取った読者の中には、従来の多層アーキテクチャを採用したアプリケーションの開発を経験したことがある人がいるかと思います。さらに、現在参加しているプロジェクトで、まさにその従来の多層アーキテクチャを用いたアプリケーションを開発している読者もきっといることでしょう。

アプリケーションの開発において異なる役割を持つコードを複数の層に分割することは私たち開発者からするとコンピュータ科学のクラスや研修などで何度も言われてきたことであり、ベストプラクティスとして叩き込まれてきたことでもあります。さらに、この考えは様々な書籍[1]にも書かれています。

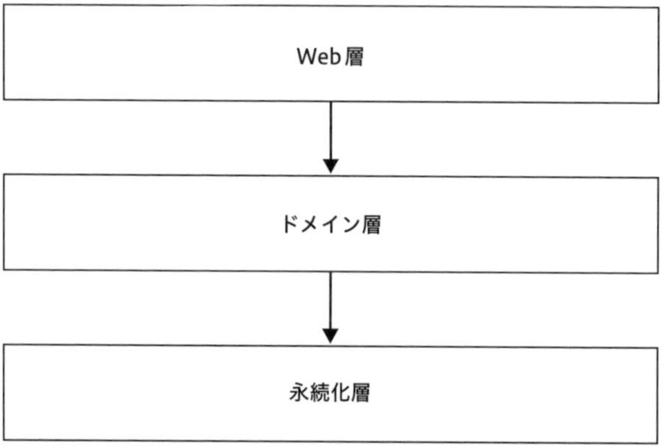

図2.1　Webアプリケーションにおける従来の多層アーキテクチャの概念図。Web層、ドメイン層[2]、永続化層で構成されている

図2.1は従来の多層アーキテクチャを簡潔に図式化したものです。このようなアーキテクチャでは、Web層でHTTP経由でのリクエストを受け取り、そ

【1】 たとえば、Mark Richards氏が執筆した『Software Architecture Patterns』（O'Reilly、2015年）では、複数の層に分けることをパターンとして教えています。

【2】 本書では、「ドメイン」と「ビジネス」を同じ意味で使っています。ドメイン層（もしくは、ビジネス層）には、ビジネスに関する問題を解決するコードが配置されます。その一方で、ドメイン層（もしくは、ビジネス層）とは反対のコードとなるのが技術的な問題を解決するコードであり、たとえば、データベースに関することを扱う永続化層のコードやHTTP経由でリクエストを受け取ったりレスポンスを返したりするWeb層のコードが該当します。

の受け取ったリクエストを**ドメイン層**のサービスに渡すようになっています。そして、そのリクエストを受け取ったサービスは何らかのビジネスロジックを実行しますが、その際に、**永続化層**にあるコンポーネントを呼び出して、データストアに格納されているエンティティのデータを取得したり、その状態を変更したりするようになっています。

実際、従来の多層アーキテクチャは堅牢なアーキテクチャのパターンであり、適切に扱えば、ビジネスロジックをWeb層や永続化層から隔離することが可能になります。そして、適切に扱われていれば、仮に、Web層や永続化層で用いる技術を別の技術に置き換えることになったとしても、ビジネスロジックにその影響を及ぼすことを防げるようになります。さらに、既存の機能に影響を与えることなく、新しい機能を追加することも可能になります。

このように、従来の多層アーキテクチャであっても適切な対処が施されていれば、様々な選択肢を持てるようになり、要望の変更や外部の変化（たとえば、商用データベースのベンダーが価格を突然2倍にしたため、別のデータベースに乗り換えることが決まった場合など）にも素早く対応できるようになります。そして、正しい使われ方をしている従来の多層アーキテクチャであれば、保守も行ないやすくなります。

そうなると、従来の多層アーキテクチャの何が問題になるのでしょうか？

私の経験から言うと、その問題とは、従来の多層アーキテクチャは変更に対して非常に脆弱であるため、簡単に保守がしづらくなってしまうことです。さらに、従来の多層アーキテクチャは不適切な依存関係が確立されたとしても、そのことを受け入れてしまうため、時間が経つにつれて変更を難しくするものが蓄積されていきます。このように、アプリケーションの構造を複数の層に分割するだけでは、アーキテクチャを適切に維持できるほどの保護を十分に得ることはできないのです。そのため、従来の多層アーキテクチャで保守のしやすさを維持するためには、開発者がいかに規律を遵守し、そのことに対していかに労力を費やすのかという開発者の自制心や勤勉さに完全に委ねることになってしまいます。

そこで、従来の多層アーキテクチャが、なぜこのような状況に陥ってしまうのかについて考えていきましょう。

2.1　データベース中心の設計になってしまう問題

従来の多層アーキテクチャでは、データベースを中心にアプリケーションの開発が行なわれます。この場合、Web層はドメイン層に依存し、ドメイン層は永続化層、つまり、データベースに依存することになります。そうなると、すべてのものは永続化層上に構築されることになり、その結果、いくつかの要因が絡まり合って、問題が起きやすくなります。

このことを理解するために、少し視野を広げて、アプリケーションを開発することで私たち開発者は何を成し遂げようとしているのかについて考えてみることにしましょう。通常、私たち開発者が成し遂げようとしているのは、開発対象のビジネス領域（ドメイン）に課せられているルールや方針をモデリングし、そのアプリケーションのユーザーがそのルールや方針に沿って仕事を効率よく行なえるようにすることです。

つまり、私たち開発者が第1の目的としているのは、状態ではなく振る舞いをモデリングすることなのです。たしかに、どのようなアプリケーションであっても状態は重要です。しかしながら、その状態を変えるものが振る舞いであり、その振る舞いがビジネスを回しているのです。

それでは、なぜ、私たち開発者は「ビジネスロジック」ではなく、「データベース」を中心にアーキテクチャを考えてしまうのでしょうか？

ここで読者の皆さんに思い出してもらいたいのは、これまで参加したことのある従来の多層アーキテクチャを採用したアプリケーションの開発において、ユースケースをどのように実装してきたのかということです。このとき、最初に実装したのはビジネスロジックだったのでしょうか、それとも、永続化層だったのでしょうか？　おそらく、多くの読者は最初にデータベースの構造をどのようにするのかを決め、そのあとに、ビジネスロジックを実装したはずです。

このことは従来の多層アーキテクチャを用いた開発であれば納得のできる

ことです。なぜなら、このように開発することは依存の流れに沿っているからです。しかし、このことをビジネス的観点から見ると別の姿が見えてきます。それは、このような流れで開発することはまったく理にかなっておらず、適切な開発を行なうのであれば、何よりも先にビジネスロジックから実装すべきであるということです。そうすれば、開発者はビジネスロジックを正しく理解できているのか否かを技術的な要素を考えることなく判断できるようになります。このように、本来であれば、ビジネスロジックを正しく構築できたという確信を得てから、そのビジネスロジックのまわりにある永続化層やWeb層の実装を始めるべきなのです。

また、アーキテクチャがデータベースを中心に展開してしまう原因にO/Rマッパー（Object-Relational mapper）の利用が挙げられます。ここで勘違いしないでほしいのですが、本書はO/Rマッパーのことを否定したいわけではありません。私自身もO/Rマッパーを好んで使っており、O/Rマッパーを導入した開発も行なっています。しかし、従来の多層アーキテクチャにO/Rマッパーを持ち込んでしまうと、ビジネスロジックに対して永続化に関する要素を持ち込まないようにすることが難しくなってしまいます。

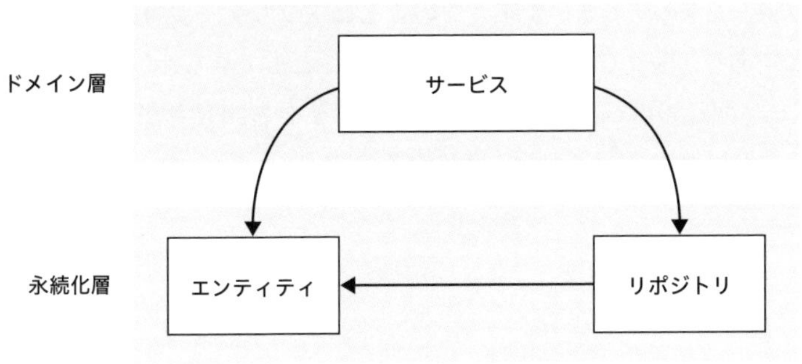

図2.2 ドメイン層にあるサービスで永続下層にあるエンティティを扱うことは、ドメイン層を永続化層に密結合させてしまうことにつながる

通常、O/Rマッパーによって制御されるエンティティは、図2.2で示すように、永続化層に配置されます。多層アーキテクチャでは、コンポーネントは自身と同じ層か、下の層にあるコンポーネントにだけしかアクセスしてはならないというルールがあるため、永続化層にエンティティを置いてしまえば、ドメイン層のコードがそのエンティティにアクセスすることは許されることとなります。そして、そのようなアクセスの仕方が許されることになると、当然、そのような使い方が様々なところで行なわれるようになります。

ところが、**このようなことがいたるところで行なわれてしまうと、永続化層とドメイン層は密結合してしまいます**。つまり、ドメイン層のコードは永続化層にあるエンティティをビジネスモデルとして扱うようになり、その結果、ドメイン層のコードはビジネスロジックに加え、永続化層の関心事、たとえば即時読み込み（eager loading）を行なうのか、それとも遅延読み込み（lazy loading）を行なうのかという選択、データベーストランザクションの管理、キャッシュされたデータの書き込みと解放、その他の解放タスクなども扱わなくてはならなくなってしまうのです[3]。

そうなると、永続化層のコードは事実上ドメイン層のコードを侵食してしまうため、ドメイン層のコードに影響を与えることなく、永続化層のコードを変更することは難しくなってしまいます。このことはアプリケーションから柔軟性を奪うことであり、様々な選択肢を受け入れることもできなくします。つまり、コードベースがこのような状況に陥ることは、私たち開発者が求めているアーキテクチャの目標から遠ざかることになるのです。

【3】 Martin Fowler氏の影響力のある著書の1つである『Refactoring, 2nd Edition』（Pearson、2018年。邦訳『リファクタリング 第2版』オーム社、2019年）では、このような症状のことを「変更の偏り（divergent change）」と呼んでいます。この言葉が意味しているのは、1つの機能を実装するのに、関連性がないように思えるコードでさえも変更しなければならなくなる、ということです。この変更の偏りはコードの嫌な臭い（code smell）であり、もし、このようなコードを見つけたのであれば、リファクタリングすることを考えなくてはなりません。

2.2 問題のある短絡的な実装になってしまう問題

従来の多層アーキテクチャにおいて、唯一のグローバルなルールは、各層のコンポーネントがアクセスできるのは自身と同じ層、もしくは、その下の層のコンポーネントだけである、というものです。もしかしたら、この他にも、開発チーム内で決められたルールや使用しているツールが強要する特別なルールなどもあるかもしれませんが、それらは多層アーキテクチャ自体のルールではありません。

そのため、もし、現在扱っているコンポーネントが上の層にあるコンポーネントにアクセスする必要が出た場合、そのアクセス対象となるコンポーネントを自身の層に下ろすことで、そのコンポーネントにアクセスすることが許されるようになります。ではこれで、「問題は解決された」ということになるのでしょうか？　たしかに、コンポーネントの移動を一度だけしか行なわないのであれば、これは許容範囲なのかもしれません。しかし、このような短絡的な実装を一度でも行なってしまうと、他のコンポーネントに対しても同じことをしてもよいという考えが広がってしまいます。なぜなら、誰かがそのような短絡的な実装をしているのであれば、自分も同じような実装をしても何も問題がないと考えるようになってしまうからです。

もちろん本書では、このような短絡的な実装を行なってはならないと主張したいわけではありません。しかし、このような短絡的な実装がどこかで許されてしまえば、同じような実装が別のどこかできっと行なわれることになってしまいます。特に、納期が迫っているときは、このような短絡的な実装がいたるところで行なわれることになります。そして、このような前例ができてしまうと、実装に対する基準が劇的に下がることになります。これは**割れ窓理論**として知られる人間の心理的な習性です（第11章で、このことについてさらに詳しく見ていきます）。

そして、ソフトウェアの開発と保守が何年も続いていくと、多くの場合、永続化層は図2.3に示すように肥大化してしまいます。

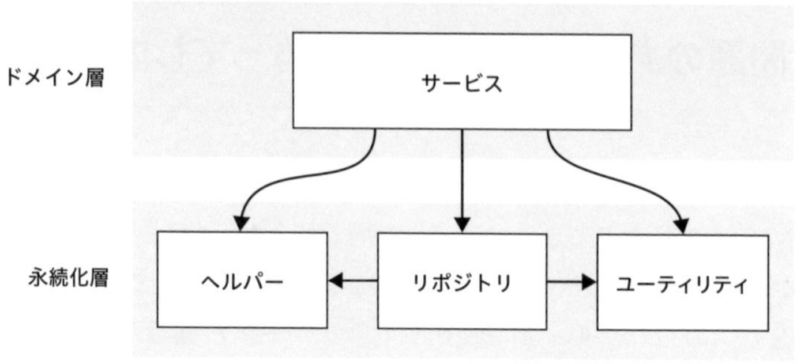

図2.3　永続化層にあるものはすべての層からアクセス可能となるため、ソフトウェアが成長するにつれて永続化層のコンポーネントが増えていくようになる

このように、アクセスしたいコンポーネントを下の層に移していくと、永続化層（一般化して言えば最下層）は肥大化することになります。このような結果に陥りやすい代表的なコンポーネントの種類にヘルパーやユーティリティがあります。なぜなら、これらのコンポーネントはどの層からもアクセスされる可能性があるからです。

アーキテクチャに対してこのような**短絡的な実装**を持ち込ませたくないのであれば、従来の多層アーキテクチャは最善の選択肢にはなりません。仮に、どうしても、従来の多層アーキテクチャを用いるのであれば、少なくとも、追加のルールでコードを縛る必要が出てきます。ここで言う「ルールでコードを縛る」とは、ベテランの開発者が短絡的な実装を取り除くためにコードをレビューすることを指しているのではなく、もし、ルールに従っていないコードがあれば、ビルドそのものを失敗させ、ルールが自動で強いられるようにすることを意味しています。

2.3 テストがしづらくなる問題

従来の多層アーキテクチャでありがちなのは、時間が経つにつれて、図2.4で示すような、途中の層を飛び越えてアクセスする実装が出てくることです。たとえば、永続化層のエンティティが持つフィールドを1つだけしか操作しない場合、Web層から永続化層に直接アクセスするような実装にすることがあります。このような実装にすれば、ドメイン層にコストをかけることなく、目標を達成できるからです。本当にそうでしょうか？

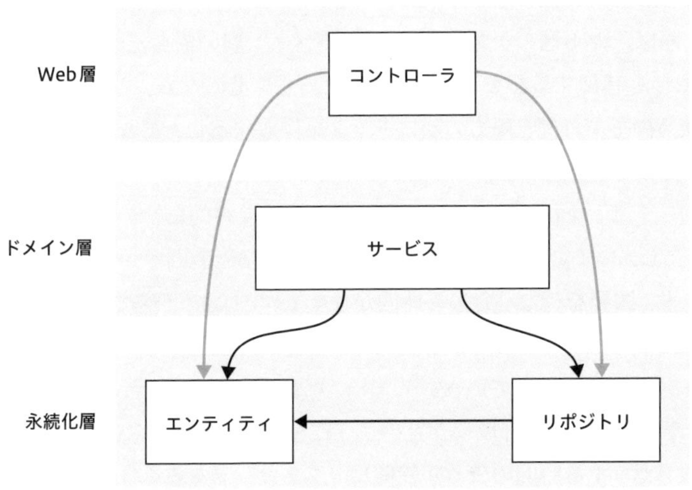

図2.4　ドメイン層を飛び越えて永続化層に直接アクセスするような実装にすると、ビジネスロジックがコードベースのいたるところに散在するようになる

図2.4では、Web層のコンポーネントがドメイン層を飛び越えて永続化層のコンポーネントに直接アクセスしています。

先ほどと同じように、これが1、2回しか行なわれないのであれば、問題がないように思えるかもしれません。しかし、このような短絡的な実装が頻繁に行なわれるようになると（そして、このような短絡的な実装を誰かが一度行なってしまうと、それ以降、そのような短絡的な実装がされることを止められなくなります）、2つの欠陥が持ち込まれることになります。

1つ目の欠陥は、ビジネスロジックがWeb層でも実装されるようになることです。これは、エンティティが持つフィールドの値を1つだけしか変更しないような場合であっても欠陥となります。ここで考えてほしいのは、将来、このユースケースに変更が加えられたときに何が起きるかということです。このような場合、一般的にWeb層にその変更されたロジックが加えられることになるため[訳注1]、Web層は異なる層の責務を抱えるようになります。こうして、本来であれば、ドメイン層内に収めるべきビジネスロジックがすべての層のいたるところに散在するようになってしまうのです。

2つ目の欠陥は、Web層のテストをする際、ドメイン層の依存だけではなく、永続化層の依存も制御する必要が出てくることです。そのため、もし、テストでモックを使うのであれば、両方の層にモックを作成することになり、その結果、テストに複雑さがもたらされることになってしまいます。こうして、テストが複雑になり、テストを行なうことが難しくなると、最終的に、テストは行なわれなくなってしまいます。なぜなら、テストにあまりにも時間がかかるようになり、その結果、開発を行なうための時間がなくなってしまうからです。

さらに、Web層のコンポーネントが増えていくと、永続化層にある様々なコンポーネントへの依存が増えていき、テストに対する複雑さがさらに増すことになります。そうなると、依存関係がどのようになっているのかを理解したり、モックを作成したりする時間のほうが実際にテストコードを書く時間よりも多くなってしまいます。

【訳注1】　この場合、ユースケースに関するコードは最初からドメイン層にはないため、多くの開発者はその要求に応えるための新たなサービスをドメイン層に追加するようなことは手間がかかるため一般的に行なわれない、という想定です。

2.4 ユースケースが見つけづらくなる問題

開発者にとって、新しいユースケースを実装するために新しいコードを記述することは楽しいことです。しかし実際には、新しいコードを書くことよりも既存のコードを変更することのほうに多くの時間が割かれることになります。しかも、このことは、何十年もの歴史があるレガシーなコードベースを扱う場合だけではなく、1つ目のユースケースが実装されたばかりの真新しいプロジェクトであっても、そのようになってしまいます。

そのため、アーキテクチャは新たな機能を追加したり、既存の機能を変更したりする箇所がコードベースのどこにあるのかを速やかに把握できる構造になっていることが重要になります。なぜなら、それができていないと、開発者は該当するコードをどこに実装するのかを見つけ出すのに無駄な時間を費やすことになるからです。しかし、従来の多層アーキテクチャは残念なことにこのことをあまり得意とはしていません。

その理由は、前述したように、従来の多層アーキテクチャはビジネスロジックを様々な層に散在させてしまう傾向があるからです。たとえば、ユースケースがあまりにも単純なものである場合、ビジネスロジックをドメイン層ではなく、Web層に実装してしまうことがあります。この他にも、ビジネスロジックを含んだコンポーネントを永続化層に持っていき、そのロジックをドメイン層と永続化層の両方で扱えるようにすることもあります。こうなってしまうと、新しい機能を追加するのに適した場所を見つけることはもはや簡単なことではなくなってしまいます。

問題はこれだけではありません。従来の多層アーキテクチャはドメイン層のサービスに対して扱える**ユースケースの数**に関するルールを設けていないため、時間が経つにつれ、図2.5で示すように、単一のサービスでありながらも複数のユースケースを扱う**肥大化したサービス**になってしまうことがよくあります。

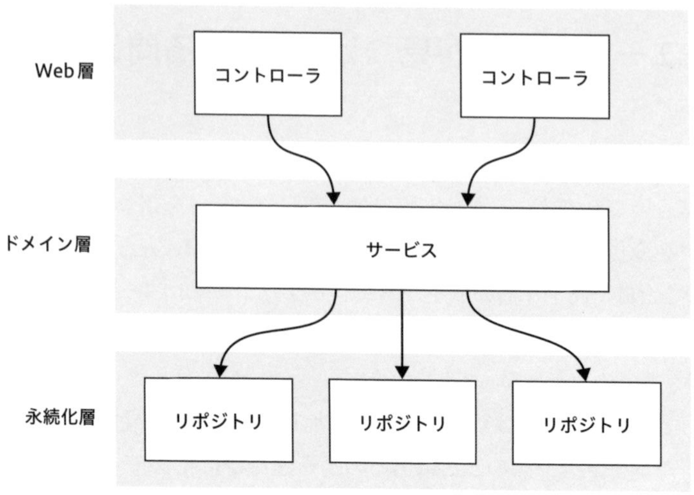

図2.5　肥大化したサービス：コードベースのどこに目的のユースケースがあるのかを見つけることが難しくなる

見てのとおり、肥大化したサービスは永続化層の様々なコンポーネントに依存し、それと同時に、Web層の様々なコンポーネントから依存されるようにもなります。こうなってしまうと、肥大化したサービスはテストすることが難しくなるだけではなく、目的のユースケースがどこで扱われているのかを見つけ出すことも難しくなります。

ここで想像してほしいのが、もし、ドメイン層のサービスに課せられる責務を限定し、各サービスが1つのユースケースしか扱わないような設計にした場合、これらの問題がいかに簡単に解決されるのかということです。たとえば、ユーザーを登録（register）するユースケースを探す場合、`RegisterUserService`と名付けたその責務に特化したサービスを作っておけば、対象のユースケースを見つけ出すことが容易になり、速やかに作業を始められるようになります。もしユーザーに関するユースケースをすべて扱うようにした`UserService`という名前の肥大化したサービスを作ってしまうと、対象のユースケースを見つけ出すために、わざわざ`UserService`クラスのコードを見て、該当するコードを見つけ出す手間と時間をかけなければなりません。

2.5 異なる作業を同時に行なうことが難しくなる問題

通常、ソフトウェア開発において、ソフトウェアが定められた日までに完成するのは当然のことだと経営陣は考えています。このことに加え、経営陣は決められた予算内で開発を終えることも当然だと考えています。ただし、本書で取り上げる「複雑さ」は、この種の複雑さのことを指しているわけではありません。

また、決められた日までにソフトウェアを完成させるには（とはいえ、私は本当の意味で「完成した」と言えるソフトウェアを一度も見たことはないのですが、とりあえず、この「完成」の定義は置いておくこととして）、通常、複数の開発者が異なる作業を同時に進められるようになっていなくてはなりません。

この問題に対する結論は、ソフトウェア工学の古典『The Mythical Man-Month: Essays on Software Engineering』[4]で述べられた有名な次の一文からわかります。たとえ、この本を読んでいなくても、すでに知っている読者もきっといることでしょう。

> 遅れているソフトウェアプロジェクトへの要員追加は、プロジェクトをさらに遅らせるだけである。

このことは、（まだ）遅れが出ていないソフトウェア開発のプロジェクトの場合であっても、ある程度は該当します。たとえば、50人体制のチームで開発を行なったとして、その開発速度が10人体制のチームで行なったときよりもすべての面において5倍の速さになるわけではありません。仮に、開発してい

【4】『The Mythical Man-Month: Essays on Software Engineering』Frederick P. Brooks, Jr著、Addison-Wesley、1995年。邦訳『人月の神話（新装版）』滝沢徹・牧野祐子・富澤昇 訳、丸善出版、2014年

るアプリケーションの規模が大きく、開発チームがさらにいくつかのサブチームに分割されていて、担当させる責務が重なることなく各サブチームに割り振られるのであれば、開発者を増やすことによる生産性の向上は期待できます。しかしながら、現実は、いたるところで責務が重なる部分が出てくるはずです。

とはいえ、開発の規模が健全な大きさであれば、プロジェクトに参加する開発者の数を増やすことで開発速度が上がることはたしかに期待できます。このような場合であれば、経営陣が人員を増やすことで開発速度が上がることを期待しても間違いではありません。

この期待に応えられるようになるためには、**アーキテクチャが並列作業をサポートする**ようになっていなくてはなりません。実際には、そのようなことを実現することは簡単なことではありません。そして、従来の多層アーキテクチャは複数の開発者を同時に作業させられるような構造にはなっていません。

たとえば、従来の多層アーキテクチャを適用しているアプリケーションに対して新たなユースケースを追加することになった場合を想像してみましょう。そして、このユースケースを追加するにあたり、3人の開発者が新たに参加することになり、その開発者たちはそれぞれ異なる層を担当することになったとします（つまり、1人の開発者がWeb層を担当し、別の開発者がドメイン層を担当し、最後の開発者が永続化層を担当します）。このような場合、その開発者たちは全員同時に自身が担当する作業に取り掛かることができるのでしょうか？

残念なことに従来の多層アーキテクチャだと、各層を異なる開発者に担当させたとしても開発が想定どおりに進むことはないでしょう。なぜなら、従来の多層アーキテクチャでは、すべてのコンポーネントは永続化層を土台に構築されるようになっているため、最初に永続化層の開発を行ない、それからドメイン層の開発を行なって、最後にWeb層の開発に取り掛かることになるからです。そのため、追加する機能に対して同時に作業できる開発者の人数は結局のところ1人だけにしかならないのです。

それでは、この問題を対処するために、最初にインターフェイスを定義しておくという戦略を採用できないでしょうか？　そうすれば、各開発者はインターフェイスに対してプログラミングを行なうことになるので、他の層で必要なコンポーネントの実装を終えるまで待つ必要がなくなります。

たしかに、そうすれば開発を進めることは可能になるでしょう。しかし、このやり方が可能になるのは、前述したように、データベースを中心とした設計になっていない場合だけです。もし、設計の中心がデータベースになっていると、永続化に関するロジックがビジネスロジックと混ざってしまい、個別に作業することができなくなってしまいます。

さらに、もし、肥大化したサービスとなるような設計であった場合、異なる機能を異なる開発者で同時に開発することはさらに難しくなります。なぜなら、異なるユースケースを開発しているのにもかかわらず、記述することになるコードは同じサービスの中にあるからです。そのため、複数の開発者が同時に作業を行なってしまうと、マージ競合が発生し、場合によっては、退行（regression）も発生してしまいます。

2.6　この章がどのように保守のしやすいソフトウェアを構築する際の助けとなるのか?

もし、あなたが従来の多層アーキテクチャを用いたアプリケーションの開発を経験したことがあれば、この章で示した問題について共感してもらえる部分があったことかと思います。もしかすると、その他にも付け加えたい問題があったかもしれません。

たしかに、従来の多層アーキテクチャを正しく扱い、追加のルールを課すことで、そのことを強制できるのであれば、そのようなアーキテクチャであっても保守がしやすく、かつ、機能の変更や追加も行ないやすくなることがあるかもしれません。

すでに述べたように、従来の多層アーキテクチャには多くの落とし穴があり、非常に厳しい規律を開発者自身に課すことができなければ、時間の経過と共に、アーキテクチャは劣化し、保守することが難しくなっていきます。そして、仮にそのような規律を課すことがうまく行なえたとしても、開発チームのメンバーが替わったり、経営陣が新たな要望と納期を開発チームに要求したりするたびに、その規律に従っていないコードが紛れ込むようになってしまいます。

以降の章では、短絡的な実装によって生じる問題や（従来の多層アーキテクチャを用いる場合であろうが、他のアーキテクチャを用いる場合であろうが）保守をより行ないやすくする方法について見ていきます。その際に、この章で見た従来の多層アーキテクチャが抱える問題について覚えていることが重要になります。なぜなら、この問題のことを把握していれば、そこで述べることを簡単に理解できるようになるからです。

3

依存関係の逆転

前章では、従来の多層アーキテクチャの問題について見てきました。そこで本章では、第2章とは異なるアーキテクチャのアプローチについて見ていきます。そのためには、まず、SOLID原則[1]の「S」と「D」に該当する単一責任の原則（Single Responsibility Principle）と依存関係逆転の原則（Dependency Inversion Principle）について見ていき、それらを適用してクリーンなヘキサゴナルアーキテクチャをどのように構築するのかを学んでいきます。そして、このアーキテクチャが従来の多層アーキテクチャが持つ問題をどのようにして解消しようと試みているのかを見ていきます。

3.1　単一責任の原則

ソフトウェア開発に携わる開発者であれば、きっと、単一責任の原則についてすでに知っているか、もしくは、（少なくとも）聞いたことがあるかと思います。この原則へのよくある解釈は次のようなものです。

> コンポーネントは1つのことだけを行なうべきであり、そのことを正しく行なわなくてはならない。

たしかに、このことは素晴らしいアドバイスなのですが、単一責任の原則が実際に意図することとは若干異なっています。

「単一責任」という言葉だけを見ると、その意味を「1つのことだけを行なう」と解釈するのが最も自然なことであるため、このような解釈がよくされて

【1】 SOLID原則における「SOLID」とは、単一責任の原則（Single Responsibility Principle）、開放閉鎖の原則（Open-Closed Principle）、リスコフの置換原則（Liskov Substitution Principle）、インターフェイス分離の原則（Interface Segregation Principle）、依存関係逆転の原則（Dependency Inversion Principle）の5つの原則の頭文字を取ったものです。SOLID原則について詳しく知りたいのであれば、Robert C. Martin氏の著書『Clean Architecture』（Prentice Hall、2017年。邦訳『Clean Architecture ――達人に学ぶソフトウェアの構造と設計』KADOKAWA、2018年）か、もしくは、Wikipedia（https://en.wikipedia.org/wiki/SOLID。日本語版：https://ja.wikipedia.org/wiki/SOLID）を参照してください。

しまうのは当然のことなのかもしれません。そこで、ここからは「単一責任の原則」という名前がどのような理由で誤解を招くようになったのかを見ていきましょう。

まず、単一責任の原則について、実際の定義はどうなっているのか見てみましょう。

コンポーネントを変更する理由は、1つだけになるようにすべきである。

見てのとおり、単一責任の原則の「責任」に該当する部分は「行なう」ではなく「変更する理由」となっています。このことを考えると、「単一責任の原則」ではなく、「単一の変更する理由の原則」に名前を変えたほうがよいのかもしれません。

とはいえ、たしかに、コンポーネントを変更する理由が1つしかないのであれば、そのコンポーネントは1つのことしか行なわなくなるでしょう。しかし、単一責任の原則では、変更する理由が1つしかないことのほうがもっと重要なのです。

それでは、「変更する理由が1つしかない」ということがアーキテクチャにとって何を意味するのかを考えてみましょう。

もし、コンポーネントが変更する理由を1つしか持たないのであれば、**それとは異なる理由**でソフトウェアに対して変更が行なわれることになったとしても、開発者はそのコンポーネントのことを考慮する必要はなくなります。なぜなら、その変更はそのコンポーネントにとっては関係のないことであり、その変更が適用されたあともそのコンポーネントは正常に機能するからです。

図3.1に示しているように、コンポーネントが他の様々なコンポーネントと依存関係を構築していると、変更する理由がそれらの依存を介して自身のコンポーネントに持ち込まれるようになります。

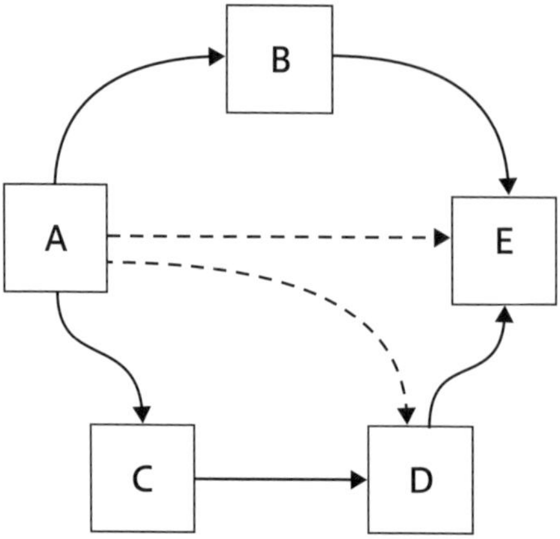

図3.1　コンポーネントの依存がそのコンポーネントを変更する理由になることがある（たとえ、本来の変更する理由が破線の矢印で示す先にある推移的な依存にのみ存在する場合であっても）

まず、図3.1で注目してほしいのは、コンポーネント「A」は多くのコンポーネントに（直接的にも推移的にも）依存しているのに対し、コンポーネント「E」はどこにも依存していないことです。

そのため、コンポーネント「E」に対して変更する理由が生じるのは自身（コンポーネント「E」）の機能に対して何らかの変更が要求される場合だけとなります。一方、コンポーネント「A」の場合は、依存のどれかに変更する理由が生じると、そのことが原因でコンポーネント「A」も変更することが強いられる可能性が出てきます。

もし、単一責任の原則に従っていない場合、コードベースは時間が経つにつれて変更することが難しくなっていきます。なぜなら、各コンポーネントが抱えることになる変更する理由が時間と共に増えていくからです。そして、このことは変更する際のコストが増えることにもつながります。その結果、1つのコンポーネントに対して変更する理由があまりにも増えてしまうと、どこかのコンポーネントに変更を加えたことが原因で他のコンポーネントが機能しなくなることが頻繁に起こるようになってしまいます。

3.2　変更による影響に関する事例

かつて、私は外部の開発チームが作成した10年くらいの歴史を持つアプリケーションのコードベースを引き継いで保守や新たな開発を行なうことになったプロジェクトに参加したことがあります。このようなことになった理由は、このアプリケーションを所有する顧客が、より優れた保守と開発を行なえるようにするため、開発チームを入れ替えて、将来的に発生するコストを抑えようと考えたからでした。

もちろん、読者の皆さんが想像するように、引き継いだコードが実際に何を行なっているのかを理解することは難しく、コードベースの一部を変えると、そのことが原因で別の部分が機能しなくなるようなことが頻繁に起こっていました。そこで、そのコードベースに対して徹底的なテストを行ない、自動化されたテストを加えて、様々なリファクタリングを行なった結果、なんとかそのコードベースを安定させることに成功しました。

こうして、しばらくのあいだは特に問題もなく、コードベースの保守をしながら新たな機能を追加できていたのですが、ある日、その顧客からの依頼によって、ある特殊な機能をこのアプリケーションに新たに追加することが決められました。その機能はエンドユーザーに対して非常に面倒なことを行なわせるものであったため、私はその機能より優れたユーザー体験を提供できる他の選択肢を提案しました。そして、もし、その機能を私が提案したものに変えれば、ソフトウェアに対して行なわなくてはならない変更が全体的に減り、その結果、コストも抑えられることも伝えました。ただし、その変更を行なうには、核となるコンポーネントに対してちょっとした変更を加えることになるため、そのわずかなリスクについても顧客に伝えました。

その結果、その顧客は私の提案を断り、最初に計画した機能（つまり、ユーザーには使いづらく、かつ、コストのかかる機能）のほうを実装することになってしまいました。そこで私は、なぜその決断に至ったのかについてをその顧客にたずねたところ、その答えは、以前の開発チームが既存のコードに対して何らかの変更を加えると、そのたびに、変更した箇所とは関係のない機能に不具合が生じることが多かったため、そのようなリスクを取る気がなかったということでした。

悲しいことに、この顧客はひどいアーキテクチャが採用されたソフトウェアを長いあいだ使っていたことが原因で、変更に対して不安を抱くようになり、その結果、ソフトウェアの核となるコンポーネントに変更を加えるくらいなら、別の方法を選択して、不要なコストを払うほうがよいとまで考えるようになっていたのです。しかし、すべての顧客がこのようなひどいアーキテクチャの犠牲者になることを受け入れるわけではありません。そのため、私たち開発者は最初から優れたアーキテクチャで支えられたソフトウェアを構築するように努めなくてはならないのです。

3.3　依存関係逆転の原則

従来の多層アーキテクチャでは、他の層への依存は常に下の層に向かって行なうようになっています。そのため、単一責任の原則の観点で全体を見ると、変更する理由は下の層よりも上の層のほうが多く持つことになります。

このことを考慮すると、ドメイン層は永続化層に依存するため、永続化層で発生した変更がドメイン層にまで影響を与えてしまう可能性が非常に高くなります。しかし、ドメイン層のコードはアプリケーションにとって特に重要なコードであるため、永続化層での変更が原因でドメイン層のコードにまでその変更を波及させるようなことをしたくはありません。

それでは、どうすればこのような依存関係を解消できるようになるのでしょうか？

その答えは**依存関係逆転の原則**（Dependency Inversion Principle）にあります。

この依存関係逆転の原則が意味することは単一責任の原則のときとは異なり、名前が示すとおりになります。

> コードベース内の依存関係は、いかなるものであっても、その方向をひっくり返す（逆転する）ことができる[2]。

そうなると、依存関係を逆転させるにはどうすればよいのでしょうか？ そこで、ここからは、ドメイン層のコードと永続化層のコードとの依存関係をどのように逆転させるのか、そして、そうすることで、どのようにドメイン層から変更する理由が減るのかについて見ていきます。

たとえば、第2章で見た図2.2と同じ構造のアーキテクチャがあるとします（図3.2）。このアーキテクチャでは、ドメイン層にサービスがあり、そのサービスが永続化層のエンティティとリポジトリを扱うようになっています。

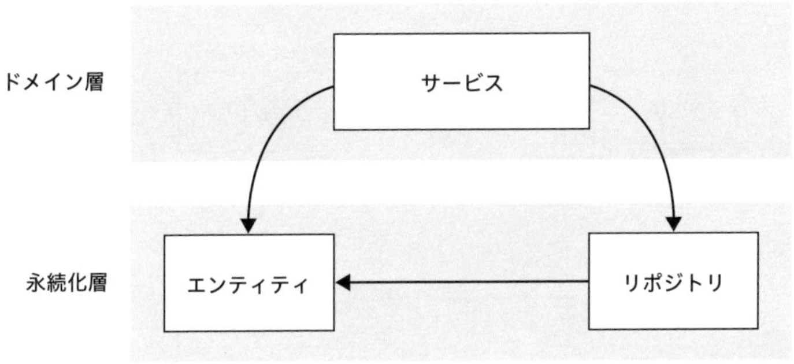

図3.2　ドメイン層にあるサービスで永続下層にあるエンティティを扱うことは、ドメイン層を永続化層に密結合させてしまうことにつながる（図2.2再掲）

このとき、ドメイン層から永続化層への依存をなくすために最初に行ないたいのは、永続化層にあるエンティティをドメイン層に移すことです。なぜなら、このエンティティはドメインに関することを表現するオブジェクトであり、ドメイン層のコードはエンティティの状態を変えることを中心に開発が進むよう

【2】 実際、依存関係を逆転できるのは、依存するほうとされるほうの両方のコードに対して開発者が所有権を持っている場合だけです。そのため、外部から提供されるライブラリを使っているのであれば、そのライブラリのコードを変更することはできないため、そのライブラリを利用するコードに対して依存関係を逆転することはできなくなります。

になっているからです。

ですが、そのようなことをしてしまうと、永続化層のリポジトリはドメイン層にあるエンティティに依存することになるため、ドメイン層と永続化層とのあいだで依存が循環するようになります。まさに、このような場合に依存関係逆転の原則を適用することができるのです。この原則を適用するためには、図3.3に示すように、リポジトリのインターフェイスをドメイン層に作成し、実際のリポジトリ（そのインターフェイスの実装クラス）を永続化層で実装するようにします。

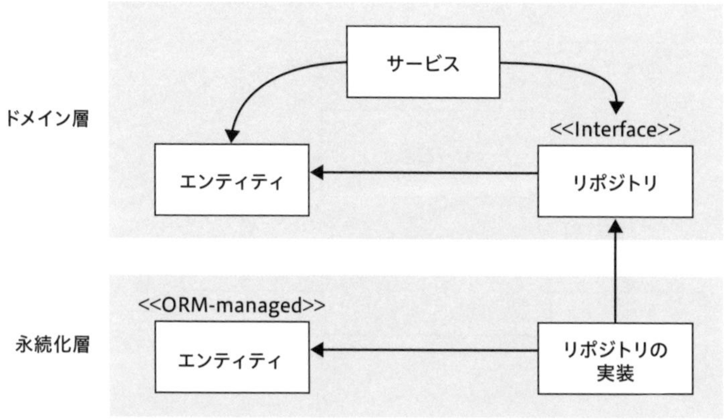

図3.3　ドメイン層にリポジトリのインターフェイスを設けることで、依存関係が逆転する（永続化層がドメイン層に依存するようになる）

このようにすることで、ドメイン層のロジックは重荷となっていた永続化層のコードへの依存から解放されることになります。まさに、このことが次から見ていくアーキテクチャの考え方において核となる原則なのです。

3.4 クリーンなアーキテクチャ

Robert C. Martin氏は著書『Clean Architecture』[3]でクリーンアーキテクチャという概念を生み出し、定着させることに成功しました。その中で彼は、ドメインに関するロジックはテストがしやすくなるように設計しなければならず、そのためには、フレームワーク、データベース、UI（User Interface）などの外部のもの（外部システムや外部インターフェイス）から独立していなくてはならないと提唱しました。

つまり、ドメイン層のコードは自身より外の層のものに依存してはならないということを同書で主張しているのです。そして、このことを実現するためには、依存関係逆転の原則を用いて、すべての依存の方向がドメイン層に向かうようにしなくてはなりません。

次の図3.4は、すべての依存がドメイン層へ向かうようにしたアーキテクチャを抽象的に捉えた有名な図になります。

【3】『Clean Architecture』Robert C. Martin著、Prentice Hall、2017年：第22章。邦訳『Clean Architecture ―― 達人に学ぶソフトウェアの構造と設計』KADOKAWA、2018年

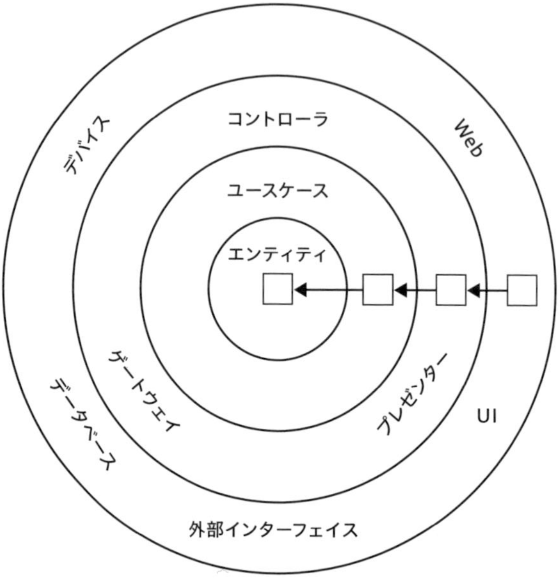

図3.4　「クリーンアーキテクチャ」という概念では、すべての依存がビジネスロジックに向かうようになっている
出典『Clean Architecture』Robert C. Martin著、KADOKAWA、2018年

この図を見ると、このアーキテクチャを構成する層は同心円状になっていて、いくつもの層がエンティティを中心に包み込むようになっています。このようなアーキテクチャにおいて最も重要なルールは**依存のルール**であり、そのルールでは、他の層へ依存する際は、内側の層に向かってしか依存してはならないと定められています。

まず、このアーキテクチャの中心にはエンティティが配置されており、そのまわりをユースケース（use case）が囲むようになっています。このユースケースはエンティティを操作するものであり、一般的に「サービス」と呼ばれるものなのですが、単一の責任（つまり、単一の変更する理由）しか持たないように扱うものの粒度をより細かくしています。そのため、前述した**肥大化したサービス**になってしまう問題を避けられるようになります。

そして、このエンティティとユースケースによるアプリケーションの核を成すもののまわりには、コントローラなどのビジネスルールをサポートするコンポーネントが配置されます。ここで言う「ビジネスルールのサポート」とは、たとえば、永続化に関することやUIを提供することを意味します。そして、その層のまわりにはアダプタが配置され、そのアダプタを用いて、データベースなどの外部コンポーネントとのやり取りをするようになっています。

このようにすることで、ドメイン層のコードは永続化やUIのフレームワークに何が使われているのかを知る必要はなくなり、その結果、ドメイン層のコードにはフレームワーク特有のコードが含まれなくなります。そうなると、開発者はドメイン層の実装においてビジネスルールにのみ目を向ければよくなり、ドメイン層のコードだけを用いてモデルを表現する自由を得ることになります。そのため、たとえば、**ドメイン駆動設計**（Domain-Driven Design：DDD）を最も純粋な形で適用することなどが可能になります。このように、永続化特有の問題やUI特有の問題がドメイン層に持ち込まれるのを防ぐことで、ドメイン層の実装が非常に行ないやすくなります。

読者の中にはすでに気がついている人もいるかもしれませんが、このようなクリーンなアーキテクチャを実現するためにはそれなりのコストが課せられることになります。なぜなら、ドメイン層をその外の層（たとえば、永続化層やUI層など）から完全に隔離するには、各層でエンティティを表わす独自のモデルを持ち、それを維持することが強いられることになるからです。

たとえば、永続化層でO/Rマッパー（Object-Relational mapper）を用いることにした場合を想像してください。通常、O/Rマッパーで使用されるエンティティを表現するクラスには、データベースのテーブルに関するメタデータが含まれており、そのクラスのフィールドと操作対象となるテーブルのカラムとが関連づけられるようになっています。しかし、ドメイン層には永続化層に属するコードを持ち込んではならないため、そのエンティティを表現するクラスをドメイン層に持ち込むことはできません。そこで、同じエンティティを表現するクラスをドメイン層と永続化層のそれぞれで持つようにしますが、そうなると、ドメイン層が永続化層にエンティティを渡す場合（もしくは、その逆の場合）、そのエンティティを永続化層に属するもの（逆の場合であれば、ドメイン層に属するもの）に変換しなければならなくなります。そして、このような変換はドメイン層とその他の層（たとえば、Web層）とのやり取りでも必要となります。

このような手間は悪いことではありません。なぜなら、ドメイン層のコードをフレームワーク特有の問題から解放することがこの分離によって成し遂げたかったことだからです。たとえば、JavaでO/Rマッピングを行なう際に使用するJPA（Java Persistence API）を用いることにした場合、永続化層で使用するエンティティのクラスに対して引数なしのコンストラクタ（もしくは、デフォルトのコンストラクタ）を持つことが必須となります。しかし、ドメインモデルを表現するクラスに、そのようなコンストラクタを定義したくはありません。この種の変換に関しては、本書の第9章で様々な戦略を見ていきます（その際、ドメイン層と永続化層とを密結合させてしまう「モデルの変換を行なわない」という戦略についても見ていきます）。

Robert C. Martin氏の著書『Clean Architecture』では、やや抽象的なことが述べられているため、本書ではクリーンアーキテクチャの原則をより具体的な形で表現するヘキサゴナルアーキテクチャについて見ていきます。そうすることで、アーキテクチャをクリーンにすることについてより深い理解を得られるようになります。

3.5 ヘキサゴナルアーキテクチャ

ヘキサゴナルアーキテクチャ（hexagonal architecture）【訳注1】はAlistair Cockburn氏が名付けたアーキテクチャの概念で、この「ヘキサゴナルアーキ

【訳注1】「ヘキサゴナル（hexagonal）」とは「六角形の」という意味です。

テクチャ」という言葉が世に広まってからすでに何年も経過しています[4]。ちなみに、このヘキサゴナルアーキテクチャには、後にRobert C. Martin氏が著書『Clean Architecture』で、より一般的な用語で描写した原則と同じ原則が適用されています。

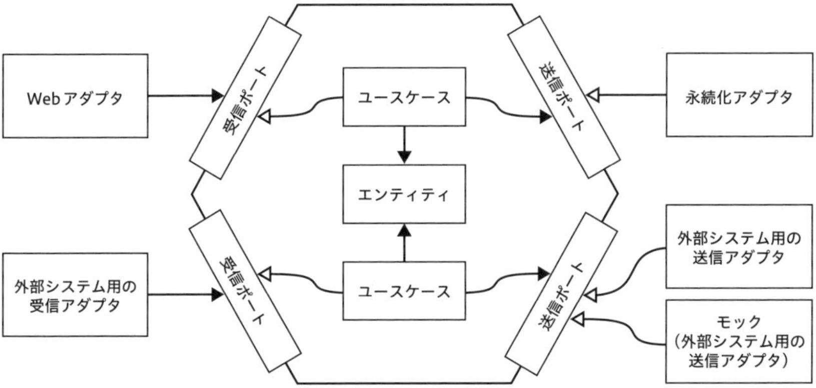

図3.5　ヘキサゴナルアーキテクチャは、アプリケーションの核が各アダプタとコミュニケーションを取るための特別なポートが設置されることから、「ポート&アダプタ」とも呼ばれる

図3.5は、ヘキサゴナルアーキテクチャが概念的にどのような構成になっているのかを示すものです。ここでは、アプリケーションの核を「ヘキサゴナルアーキテクチャ（六角形のアーキテクチャ）」の名前の由来である六角形（hexagon）で表現していますが、実は、六角形であることに意味はありません。そのため、もし、アプリケーションの核を八角形（octagon）で表現していたら、「オクタゴナルアーキテクチャ（八角形のアーキテクチャ）」と呼ばれていたかもしれません。伝え聞いたところによると、アプリケーションの核を表現するのに従来の四角形ではなく六角形を用いた理由は、アプリケーションには他の

【4】「ヘキサゴナルアーキテクチャ」という用語の初出はAlistair Cockburn氏が自身のWebサイトで書いたブログ記事（https://alistair.cockburn.us/hexagonal-architecture/）だと考えられています。

システムやアダプタと接続する部分が4つ以上あることを示したかったからだそうです。

この六角形の中には、ドメイン層のエンティティとそのエンティティを操作するユースケースが含まれています。ここで目を向けてほしいのは、この六角形が外に向かって依存していないということです。つまり、このヘキサゴナルアーキテクチャはMartin氏の『Clean Architecture』で述べられている依存に関するルール（**すべての依存は中心に向かって行なわれるようにする**）に従っていることになります。

一方、この六角形の外には様々なアダプタが配置されており、そのアダプタがアプリケーションの核とのコミュニケーションを取るようになっています。そして、そのようなアダプタには、Webブラウザとやり取りをするアダプタやデータベースとやり取りをするアダプタ、さらには、その他の外部システムとのやり取りをするアダプタなどが必要に応じて用意されることになります。

この図では、左側のアダプタにはアプリケーションを呼び出すための受信アダプタが配置され、その逆の右側のアダプタには、アプリケーションによって呼び出される送信アダプタが配置されます。

そして、アプリケーションの核がこれらのアダプタとコミュニケーションを取れるようにするために提示するものがポートになります。これらのポートはインターフェイスであり、受信アダプタによって呼び出される受信ポートはアプリケーションの核にあるユースケースによって実装されるのに対し、そのユースケースから呼び出される送信ポートはアダプタによって実装されることになります。また、1つのポートが複数のアダプタによって実装されることもあります。たとえば、送信ポートの場合、外部システムと実際にやり取りをする送信アダプタによって実装されることもあれば、テストを行ないやすくするためにそのことを模倣する送信アダプタのモックによって実装されることもあります。

このように、ヘキサゴナルアーキテクチャでは、アプリケーションの核が何を行なうのかを明確にするために、**アプリケーションの核（六角形）が外部へのインターフェイス（ポート）を定義して、所有する**ようになっています。このようになっていることで、アダプタがどのようにしてアプリケーションの核と連携して自身の処理を行なうのかがポートを介して決まることになります。まさに、このことは依存関係逆転の原則をアーキテクチャのレベルで適用していることになります。

このように、ポートとアダプタを用いてコミュニケーションを取るようになっていることから、このようなアーキテクチャのことをポート&アダプタと呼ぶこともあります。

そして、著書『Clean Architecture』で提示された図と同じように、ヘキサゴナルアーキテクチャも複数の層を持つように構成できます。この場合、一番外側の層にはアダプタ層を作成し、そこに、アプリケーションと外部システムとのあいだでデータの変換を行なうアダプタを配置します。

次に、アダプタ層の内側に、ポートとユースケースとを組み合わせたアプリケーション層を作成します。このとき、ポートを定義することで、アプリケーションの核とのやり取りをするためのインターフェイスがそこに定義されることになります。それから、そのアプリケーション層の内側に、最深の層となるドメイン層を作成し、そこにビジネスルールが実装されたエンティティを配置します。

ビジネスロジックはユースケースを実現するクラスやエンティティに実装されることになります。ユースケースを実現するクラスは対応するビジネスロジックの範囲を限定したドメインサービス【訳注2】と呼ばれるものであり、ユースケースを1つだけ実装するようになっています。もちろん、複数のユースケースを組み合わせて対応するビジネスロジックの範囲を広げたドメインサービスを構築することも可能です。ここでそのような選択をするのは、同じユー

【訳注2】 本書で言う「ドメインサービス」はドメイン駆動設計で言う「ドメインサービス」とは若干異なり（ドメインロジックが少し漏洩した）「アプリケーションサービス」に該当するものになります。一方、ドメイン駆動設計における「ドメインサービス」とは、エンティティや値オブジェクトなどで表現できない重要なプロセスなどを表現するドメイン層のオブジェクトであり、必ずしも、ユースケースを実装するのに必要なものではありません（参照 Vaughn Vernon著『実践ドメイン駆動設計』翔泳社、2015年）。ただし、本書では、ユースケースを実現するもののことを「ドメインサービス」と呼ぶようにしています。

スケースの組み合わせを使う頻度が高く、まとめて扱うほうが保守容易性の向上を期待できるような場合にだけ行なうのが理想です。

さらに、ここでは、アプリケーションサービスの概念も紹介したいと思います。このアプリケーションサービス【訳注3】とは、次の図3.6で示すように、様々なユースケース（ドメインサービス）をどのように呼び出すのかを調整するサービスのことです。

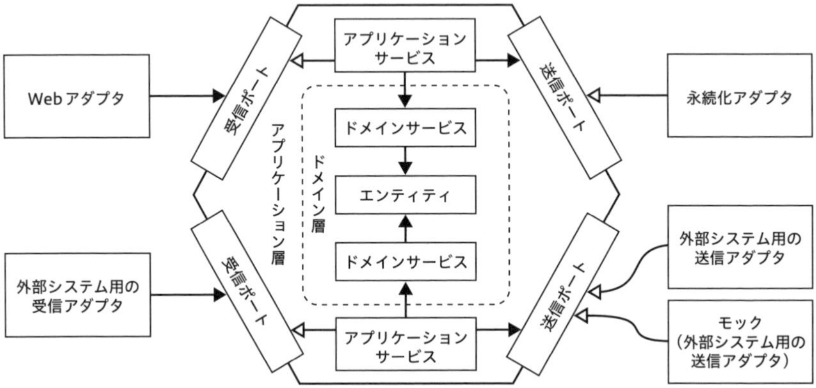

図3.6　ドメイン駆動設計のアプリケーションサービスとドメインサービスの概念を用いたヘキサゴナルアーキテクチャ

そのため、アプリケーションサービスはポート（受信ポート、および、送信ポート）とドメインサービスとのあいだに位置し、ドメインサービスを外部の脅威から守ったり、ドメインサービス同士のやり取りを調整したりします。この図3.6で示すドメインサービスは図3.5のユースケースと同じものです。ここでは、単に、ドメイン駆動設計の用語を用いて同じ図を描いているのにすぎま

【訳注3】　本書で言う「アプリケーションサービス」はドメイン駆動設計で言う「アプリケーションサービス」とは若干意味が異なっており、ユースケースを実現するのに必ずしも必要とはならないものになっています。一方、ドメイン駆動設計における「アプリケーションサービス」はドメインオブジェクトを調整するものであり、アプリケーションにおける関心事（たとえば、トランザクション制御など）を扱うものになります。
参照『実践ドメイン駆動設計』Vaughn Vernon著、翔泳社、2015年

せん。

つまり、ここで言いたいのは、アプリケーションの核（六角形）は外部の関心事から隔離されているため、アプリケーションの核となるコードを好きなように設計できるということです。そのため、アプリケーションの複雑さや規模に合わせて、アプリケーションのビジネスルールに関するコードを簡素なものにすることも、洗練されたものにすることもできることになります。本書の第13章では、ヘキサゴナルアーキテクチャの中でどのようにして保守のしやすいコードにするのかを見ていきます。

そして、次の第4章では、このようなヘキサゴナルアーキテクチャを実際にコードに落とし込むにはどうすればよいのか見ていきます。

訳者・補足 >>> 本書の考え方

本書でこれから見ていくサンプルでは、ドメイン駆動設計で言う「アプリケーションサービス」が「ドメインサービス」に取り込まれた形になっていることに注意してください。訳者である私が行なうアプリケーションの関心事とドメインの関心事との大まかな区別の方法は、まず、アプリケーションがない場合を想定し、その状況下で業務として行なえることをドメインの関心事とします。そして、アプリケーションがないと行なえないこと（たとえば、情報の永続化など）をアプリケーションの関心事とします。ただし、アプリケーションの機能を使ったほうが格段に効率的であり、そのアプリケーションの機能を別の仕組みに変えても共通している、かつ、ドメインのロジックに大きく関わるものであれば（たとえば、該当するデータがすでに永続化されているのか否かの確認など）、アプリケーションの機能であっても、適切に抽象化されてユーティリティとして見れるものになっていればドメインに持ってきてもよいとは考えています。

本書は、クリーンなアーキテクチャを実現するにはどうすべきなのかを主題にしていますが、アプリケーションの核内の境界（アプリケーション層とドメイン層）に関してはそこまで厳格に区別する必要はないと考えているため、本書が提示するサンプルのドメインサービスはアプリケーション層の受信ポートを実装し、内部で送信ポートを扱うようになっています。そのため、ドメイン層はアプリケーション層に依存してはならない、というルールを遵守していないことになります。

結局のところ、ドメインの関心事とアプリケーションの関心事を完全に分離することは、サンプルのアプリケーション程度の規模だとコストのほうが大きくなってしまうため、この違反に関しては許容範囲内だというのが本書の結論になります。そして、このような意図した違反や矛盾を含め、保守がしやすいアーキテクチャにするにはどうするのかを考えるヒントになればというのが本書の考えになります。

3.6 この章がどのように保守のしやすいソフトウェアを構築する際の助けとなるのか?

この章で見てきたアーキテクチャはクリーンなアーキテクチャを構築することを目的としたヘキサゴナルアーキテクチャ（もしくは、ポート&アダプタ）と呼ばれるもので、ドメイン層のコードが外部への依存を持たないようにするために、すべての依存が内側に向かうような設計を施して依存関係逆転の原則を実現するようになっていました。そして、このように、依存の向きを反転させることで、ビジネスロジックは永続化特有の問題やUI特有の問題から隔離され、変更する理由がコードベース全体を通して少なくなることを見てきました。さらに、**変更する理由が少なくなる**ということは**保守をより簡単に行なえる**ということにつながることも見てきました。

このように、ヘキサゴナルアーキテクチャを用いてクリーンなアーキテクチャを構築することで、ドメイン層のコードはビジネスに関する問題に対して最適な形で自由にモデリングできるようになり、それと同じように、永続化に関するコードやUIに関するコードもそれぞれ独自の問題に対して最適な形で自由にモデリングできるようになります。

次章からは、ヘキサゴナルアーキテクチャを適用したWebアプリケーションを構築していきます。そのためには、まず、アプリケーションのパッケージ構成をどのようにするのかについて検討し、それから依存注入（Dependency Injection：DI）[訳注4]が担う役割について見ていきます。

【訳注4】「Dependency Injection（DI）」は一般的に「依存性の注入」と訳されますが、本書では、注入されるオブジェクトのことを「依存」と呼んでいるため、「依存注入」と訳しています。

4

パッケージ構成に関する戦略

もし、コードベースを見ただけで、適用されているアーキテクチャが何なのかを認識できるとしたら、それは素晴らしいことだと思いませんか？

本章では、コードベースのパッケージ構成に関する様々な方法を評価し、ヘキサゴナルアーキテクチャが直接的に反映されるような表現豊かなパッケージ構成にするにはどうすべきかについて詳しく見ていきます。

通常、新規のソフトウェア開発で最初に行なわれることは適切なパッケージ構成を作り上げることであり、このときの目標は、そのパッケージ構成をそのソフトウェアが役割を終えるまで使い切れるようにすることです。しかし、開発が忙しくなってくると、パッケージ構成の見た目は素晴らしく思えるものの、その裏では、統制の取れていないコードの塊がいたるところに潜むようになっていきます。そうなると、特定の目的を持ったパッケージ内のクラスの中に本来であればインポートすべきではない外部のパッケージに属するものが紛れ込むようになってきます。

そこで本章では、パッケージ構成にはどのような選択肢があるのかを検討するにあたり、サンプルとして「BuckPal」という名前のアプリケーションを用意しました（このサンプルのアプリケーションについては「はじめに」で簡単に紹介しています）。このアプリケーションは本書を通して使っていくものであり、ユーザーの口座（account）から別の口座に「送金する（send money）」というユースケースを扱うようになっています。

4.1　層を意識したパッケージ構成

まず、最初に見ていくのは層を意識したパッケージ構成で、次の図4.1のような構成になります。

```
buckpal
├── domain
│   ├── Account
│   ├── Activity
│   ├── AccountRepository
│   └── AccountService
├── persistence
│   └── AccountRepositoryImpl
└── web
    └── AccountController
```

図4.1 層を意識したパッケージ構成

このパッケージ構成では、アーキテクチャを構成する3つの層（Web層、ドメイン層、永続化層）に対してそれぞれ「web」、「domain」、「persistence」と専用のパッケージを用意しています。第2章で述べたように、このように単純に3つの層に分けただけではいくつかの課題を抱えることになるため、最善の方法にはなりません。そこで、このアプリケーションにはすでに依存関係逆転の原則（Dependency Inversion Principle）が適用されており、依存の方向はdomainパッケージ内のコード（ドメイン層のコード）に向かうものしか許可しない、というルールが徹底された状態になっているとします。そのため、domainパッケージ内にはAccountRepositoryインターフェイスが置かれ、persistenceパッケージ内にはそのインターフェイスの実装クラスが置かれるようになっています。

残念なことに、このパッケージ構成は最善の選択肢になることはなく、その理由を少なくとも3つ見つけることができます。

- **アプリケーション内の各機能に対して境界を設けることができない**：たとえば、もし、新たな機能としてユーザー管理に関する機能を追加することになった場合、webパッケージにUserControllerクラスが追加され、domainパッケージにUserServiceクラスとUserRepositoryインターフェイスとUserクラスが追加され、persistenceパッケージにUserRepositoryImplクラスが追加されることになる。これだけだと、機能に対する境界がないため、パッケージ内はすぐに大量のクラスであふれてしまい、関係のない機能同士が意図しない関係性を持ってしまうリスクが高くなる。

- **アプリケーションがどのようなユースケースを提供しているのかをパッケージ構成を見ただけでは判断することができない**：AccountServiceクラスやAccountControllerクラスが提供しているユースケースに何があるのかをそのコードの中身を見ることなしに知ることはできない。そのため、特定の機能に関するコードを見つけ出すためには、どのサービスが対象の機能を実装しているのかを推測し、そのサービスの中に該当するメソッドが含まれているのかを探すことになってしまう。
- **パッケージ構成を見ても、どのアーキテクチャを採用したのかを知ることができない**：仮に、対象のアプリケーションがヘキサゴナルアーキテクチャを採用していると推測した場合、Webアダプタと永続化アダプタを見つけ出すために、webパッケージ内にあるクラスとpersistenceパッケージ内にあるクラスを探索することになる。だが、受信ポートも送信ポートもコードの中に隠れているため、パッケージ構成を見ただけでは、Webアダプタがどの機能を呼び出しているのか、そして、永続化アダプタがドメイン層に対してどのような機能を提供しているのかを知ることはできない。

これらの問題を解決するために、機能を意識したパッケージ構成にするとどうなるのか見ていくことにしましょう。

4.2　機能を意識したパッケージ構成

機能を意識したパッケージ構成を先ほどのサンプル用アプリケーションに適用すると次の図4.2のようになります。

```
buckpal
└── account
    ├── Account
    ├── SendMoneyController
    ├── AccountRepository
    ├── AccountRepositoryImpl
    └── SendMoneyService
```

図4.2　機能を意識したパッケージ構成

ここでは、先ほどの層を表わすパッケージをすべて取り除き、口座（account）に関係するすべてのコードをaccountパッケージ内に格納しています。

もし新たな機能を追加することになった場合、その機能を表わす新たなパッケージをaccountパッケージと同じ階層に追加し、そのパッケージの中にその機能に関係するコードを格納していきます。また、機能間の境界をさらに強固なものにするため、同じパッケージ内でしか使われないクラスをパッケージプライベートで宣言し、それらのクラスがパッケージの外からアクセスされないようにします。

このように、機能をパッケージで区切ることに加え、その中にある外部のパッケージから隠すべきクラスをパッケージプライベートで宣言することで、関連のない機能であるにもかかわらず、それらが間違って依存するようなことを防げるようになります。

さらに、今回は、クラスの責務がクラス名から認識できるように、先ほどのAccountServiceクラスの名前をSendMoneyServiceクラスに変えています（実際、この変更自体は、層を意識したパッケージ構成のときでも行なうことができました）。こうすることで、「送金する（send money）」というユースケースがSendMoneyServiceクラスに実装されていることをクラス名から判断できるようになります。このように、パッケージ名やクラス名からアプリケーションの機能がわかるようにすることをRobert C. Martin氏は「叫ぶアーキテクチャ（screaming architecture）」[1]と名付けました。このことが意味するのは、アー

【1】『Clean Architecture』Robert C. Martin著、Prentice Hall、2017年：第21章。邦訳『Clean Architecture —— 達人に学ぶソフトウェアの構造と設計』KADOKAWA、2018年

キテクチャからその意図を開発者に伝えられるようにするということです。

機能を意識したパッケージ構成は、層を意識したパッケージ構成と比べると、アプリケーションに採用しているアーキテクチャが何なのかわかりづらくなります。なぜなら、機能を意識したパッケージ構成では、たとえば、どこにアダプタがあるのかをパッケージ名から見つけ出すことができなくなり、さらに、層を意識したパッケージ構成のときと同じく、ポートがどこにあるのかもわからなくなってしまうからです。さらに、ドメイン層のコードが永続化層のコードに依存しないようにするため、依存関係を逆転したとしても（つまり、ドメイン層のSendMoneyServiceクラスはAccountRepositoryインターフェイスだけを知り、その実装クラスについては知らないようにしようと思っても）、パッケージプライベートによるアクセス制限が機能しないため、ドメイン層のコードが間違って永続化層のコードに依存するようなことを防げなくなってしまいます。

では、パッケージ構成を見ただけで採用しているアーキテクチャがわかるようにするには、どうしたらよいのでしょうか？　たとえば、第3章の図3.5（図4.3に再掲）で見たヘキサゴナルアーキテクチャの構成要素をそれぞれ格納するパッケージを作成し、各パッケージに構成要素の名前を付け、どのパッケージにどの構成要素が含まれているのかを明示してみるとどうなるでしょうか？

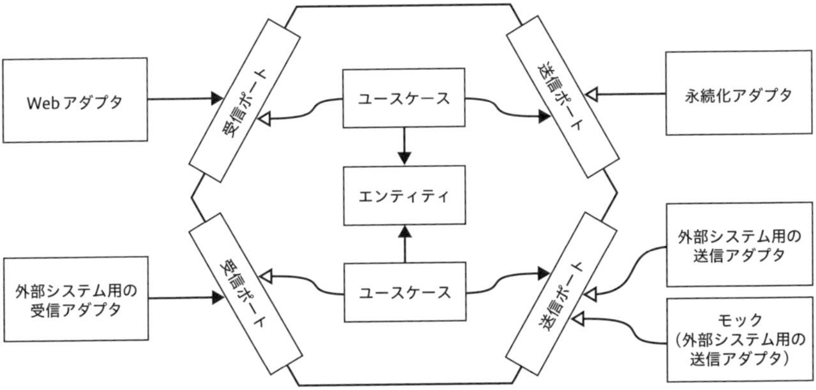

図4.3　ヘキサゴナルアーキテクチャは、アプリケーションの核が各アダプタとコミュニケーションを取るための特別なポートが設置されることから、「ポート＆アダプタ」とも呼ばれる

それでは、このアーキテクチャの構成要素を意識したパッケージ構成にするとどうなるのか見ていきましょう。

4.3　アーキテクチャの構成要素を意識したパッケージ構成

ヘキサゴナルアーキテクチャの主要な構成要素には、エンティティ、ユースケース、受信ポートと送信ポート、それらのポートに対する受信アダプタと送信アダプタがあります（「受信（incoming）」と「送信（outgoing）」はそれぞれ「駆動（driving）」と「被駆動（driven）」と呼ばれることもあります）[訳注1]。それでは、次の図4.4のように、ヘキサゴナルアーキテクチャの構成要素を表わすパッケージをそれぞれ作成し、このアプリケーションが採用しているアーキテクチャが明確になるようにパッケージ構成を変えてみましょう。

【訳注1】　他に「入力」と「出力」や「第一（primary）」と「第二（secondary）」などと呼ばれることがあります。

```
buckpal
├── adapter
│   ├── in
│   │   └── web
│   │       └── SendMoneyController
│   └── out
│       └── persistence
│           ├── AccountPersistenceAdapter
│           └── SpringDataAccountRepositor
├── application
│   ├── domain
│   │   ├── model
│   │   │   └── Account
│   │   └── service
│   │       └── SendMoneyService
│   └── port
│       ├── in
│       │   └── SendMoneyUseCase
│       └── out
│           └── UpdateAccountStatePort
└── common
```

図4.4　アーキテクチャの構成要素を意識したパッケージ構成

これで、ヘキサゴナルアーキテクチャの構成要素がパッケージのどれかに直接結び付くようになりました。このパッケージ構成を全体的に見ると、最上位に、このアプリケーション自体を示すパッケージ（buckpal）があり、その直下に「adapter」と「application」と名付けたパッケージが配置されています。

まず、adapterパッケージには受信アダプタと送信アダプタが格納されるパッケージがそれぞれ含まれており（「adapter/in」と「adapter/out」）、それらのパッケージに受信ポートを呼び出す受信アダプタと送信ポートを実装する送信アダプタがそれぞれ格納されることになります。本書が扱うサンプルのアプリケーションはシンプルなWebアプリケーションであるため、それらのアダプタはそれぞれWebアダプタと永続化アダプタとなり、その性質を明示したサブパッケージもそれぞれ用意しています（「adapter/in/web」と「adapter/out/persistence」）。

このように、アダプタの性質によって独自のパッケージを用意すれば、アダプタを別のアダプタへ置き換えるのも、非常に簡単に行なえるようになります。

たとえば、最初の頃はデータストアにシンプルなKVS（Key-Value Store）を使っていれば十分だったのが、アプリケーションが大きくなってしまったため、KVSだと対応できなくなり、SQLデータベースを使うことになった場合です。このような場合、もし、KVSを扱う永続化アダプタがすべて独立したパッケージの中に格納されていれば、新たに作成したSQLデータベースを扱う永続化アダプタをすべて新たに作成したパッケージの中に格納し、そのあとに使わなくなったKVSの永続化アダプタのパッケージを取り除けば、それだけで永続化アダプタを置き換えられるようになります。

一方、applicationパッケージは、このadapterパッケージと同じ階層に配置され、そこに前述のヘキサゴナルアーキテクチャの図の中で、六角形（hexagon）の図で示したアプリケーションの核に該当するコードが格納されます。このアプリケーションの核に該当するコードはドメインモデルとポートのインターフェイスであり、それぞれ、「domain」パッケージと「port」パッケージに格納します。

そうなると、なぜportパッケージがapplicationパッケージと同じ階層ではなく、applicationパッケージの中にあるのかと疑問を持った読者もいるでしょう。このようにした理由は、このポートが依存関係逆転の原則を適用するためのものであり、本書では、これらのポートをアプリケーションの核が外の世界とコミュニケーションを取る際のインターフェイスとして位置づけているからです。そのため、portパッケージをapplicationパッケージの中に入れることで、アプリケーションの核がポートを所有していることを明示するようにしています。

一方、applicationパッケージ内のdomainパッケージには、ドメイン層のコード（たとえば、エンティティやドメインサービスなど）を格納します。また、この中に格納されるドメインサービスは受信ポートを実装し、ドメイン層のエンティティを調整する役割を担っています【訳注2】。

【訳注2】 このドメインサービスはアプリケーション層に依存しているため、依存の向きに関するルールを破っていることに注意してください。訳者である私の意見としては、このドメインサービスをアプリケーションサービスにするとクリーンなアプリケーションという観点において全体的に腑に落ちるようになるのでは、と考えています。

最後に、adapterパッケージやapplicationパッケージと同じ階層に「common」パッケージを用意し、ここに、このコードベースのいたるところで共有されるコード（たとえば、ユーティリティやヘルパーとなるコード）を置くようにします。

こうなると、アーキテクチャの構成要素を意識したパッケージ構成は技術的な意味を持つパッケージの数がかなり多くなり、簡潔さが失われてしまったように感じますが、実際はどうなのでしょうか？

このことを考えるため、開発中のアプリケーションで採用するヘキサゴナルアーキテクチャを示した図が壁に貼られたオフィスで、何人かの開発者が集まっている場面を想像してみてください。このとき、このアプリケーションで現在使用している外部システムに何らかの変更が加えられることになり、開発者たちが、その外部システムとやり取りをしているコードをどのように修正するのかについて話し合っているとします。このとき開発者たちは、図に描かれている送信アダプタを指差しながら話すことで、何のことを話しているのかを誤解させることなく、その意図を伝えられるようになります。そして、その話し合いが終われば、開発者たちは自分の席に戻り、すぐに対象のコードの修正に着手することが可能になります。このように、すぐに修正に着手できる理由は、先ほどまで話していたAPIを使用しているクラスのコードはadapter/out/{アダプタの種類}のパッケージ内にあることがすでにわかっているからです。そう考えると、このようなアーキテクチャの構成要素を意識したパッケージ構成は簡潔さが失われることよりも、便利さのほうが勝っているように思えるのではないでしょうか？

このようなパッケージ構成はいわゆるアーキテクチャ対コード間ギャップ（もしくはモデル対コード間ギャップ）[2]と呼ばれる乖離を解決するものとして強力な武器になるものです。この「アーキテクチャ対コード間ギャップ」（もしくは「モデル対コード間ギャップ」）という用語が意味することは、ソフトウェア開発のほとんどのプロジェクトにおいて、アーキテクチャは単なる抽象的な概念

【2】『Just Enough Software Architecture』George Fairbanks著、Marshall & Brainerd、2010年：p.167

でしかなく、コードと直接的に結び付かないということです。そして、パッケージ構成がアーキテクチャを反映しなくなると、時間の経過と共に、コードベースは目標としていたアーキテクチャからかけ離れたものになっていきます（他にも様々な条件がありますが、その中でも特にこの条件による影響が強いです）。

この他にも、アーキテクチャの構成要素を意識したパッケージ構成にするメリットとして、開発者がアーキテクチャについて能動的に考えるようになる、ということがあります。というのも、このようなパッケージ構成にするとパッケージの数が多くなるため、現在扱っているコードをどのパッケージに収めるべきなのかを開発者は考える必要が出てくるからです。しかし、パッケージの数が増えてしまうと、別のパッケージからアクセスできるようにするためには、すべてのクラスをpublicで宣言しなければならないのではないでしょうか？

少なくとも、アダプタのパッケージに関して言えば、すべてのクラスを公開する必要はありません。なぜなら、このパッケージに含まれるほぼすべてのクラスは、外部から呼び出されることはないため（ただし、ポートを介して間接的に呼び出されることは除く）、パッケージプライベートで実装しても問題がないからです[訳注3]。そのため、アダプタのクラスに関しては、アプリケーション層から間違って依存されることを防げるようになります。

applicationパッケージの中には、publicで宣言しなくてはならないクラスやインターフェイスが存在します。たとえば、ポートのインターフェイスはアダプタからアクセスできる設計にしなくてはならないため、publicで宣言しなくてはなりません。同じように、ドメインのmodelパッケージにあるコードもサービスから（場合によっては、アダプタからも）アクセスできる設計にしなくてはならないため、publicで宣言しなくてはなりません。一方、ドメインサービスは受信ポートのインターフェイスに隠されることになるため、publicで宣言する必要はありません。

【訳注3】 実は、あとで出てきますが、このサンプルは依存注入（Dependency Injection：DI）を用いることが前提となっており、publicなクラスでなくてもDIコンテナを用いてオブジェクトを生成し、注入することが可能となっています。

とはいえ、このような細かい粒度のパッケージ構成にした場合、粗い粒度のパッケージ構成であればパッケージプライベートとなるクラスをpublicで宣言しなければならなくなることはたしかにあります。本書では第12章で、これらのpublicで宣言したクラスへの望まないアクセスを防ぐために、どのような対策を講じることができるのかについて見ていきます。

また、このパッケージ構成は1つのドメインしか扱っていないことに疑問を持った読者もいるかもしれません。現在、このアプリケーションでは口座（account）に関するドメインしか扱わないため、ドメインは1つしかありませんが、現実に使われることになるアプリケーションであればそれよりも多くのドメインが含まれることになるはずです。

ヘキサゴナルアーキテクチャは、第13章で見ていくように、どのように複数のドメインを管理するのかについては特に言及していません。そのため、domainパッケージの中に異なるドメインごとのサブパッケージを用意することも有効な選択肢となります。しかし、ドメインの分割に伴って、ポートやアダプタもドメインごとにパッケージを分割することを考えているのであれば、そのことをもう一度考え直したほうがよいかもしれません。なぜなら、このような分割をしてしまうと、パッケージ構成はすぐに悪夢と化してしまうからです。このことについては第13章で詳しく見ていきます。

どのようなパッケージ構成であっても、一度確立したパッケージ構成をソフトウェアが役割を終えるまで維持できるようにするには、プロジェクト自体に規律を課さなくてはなりません。また、別のプロジェクトで成功したパッケージ構成を新しいプロジェクトに持ち込んだ場合であっても、そのパッケージ構成がそのプロジェクトに合わない、ということはもちろん起こり得ることです。そして、そのようなことが起こってしまうと、コードベースとアーキテクチャとのギャップは広がってしまい、採用したパッケージ構成はアーキテクチャを反映しないものになってしまいます。

結局のところ、どのようなプロジェクトにも適合するような完璧なパッケージ構成などは存在しないのです。そうは言っても、アーキテクチャの構成要素を意識したパッケージ構成にすることで、少なくとも、コードベースとアーキテクチャとのギャップは減らせるようになります。

4.4 依存注入（DI）の役割

ここまで見てきたように、適切なパッケージ構成にすることはアーキテクチャをクリーンにすることに大きく貢献します。そして、このようなアーキテクチャにおいて必要不可欠なことは、アプリケーションの核が受信アダプタや送信アダプタに依存することが決してないようにすることです。

このアプリケーションの核をアダプタ層のコードに依存させないようにすることは、Webアダプタなどの受信アダプタであれば特に何もしなくても実現できます。なぜなら、処理の流れはアダプタ層からアプリケーションの核へと最初から向かっており、依存する向きも同じ方向になっているからです。そのため、受信アダプタは単純にアプリケーション層のサービスを呼び出せば、それだけで依存の向きは正しい方向を向くことになります。さらに、アプリケーション層の外からアクセスする部分を明確に定義したポートがアプリケーション層の外側の境界に配置されるため、具体的な処理が実装されるサービスをそのポートの後ろに隠せるようになります。

一方、永続化アダプタなどの送信アダプタの場合は、依存関係逆転の原則を用いて、依存の方向を処理の流れとは逆になるようにしなくてはなりません。

すでに本書では、この依存関係逆転の原則がどのように機能するのかについて紹介しました。その際、この原則を適用するため、アプリケーション層の中にインターフェイスを用意し、その一方でアダプタ層の中にそのアプリケーション層のインターフェイスを実装したクラスを配置するようにしました。このことをヘキサゴナルアーキテクチャに当てはめると、このインターフェイスは「送信ポート」に該当します。そして、アプリケーションの核がアダプタ層に実装された機能を呼び出すためには、図4.5で示すように、送信ポートのインターフェイスを呼び出すようにします。

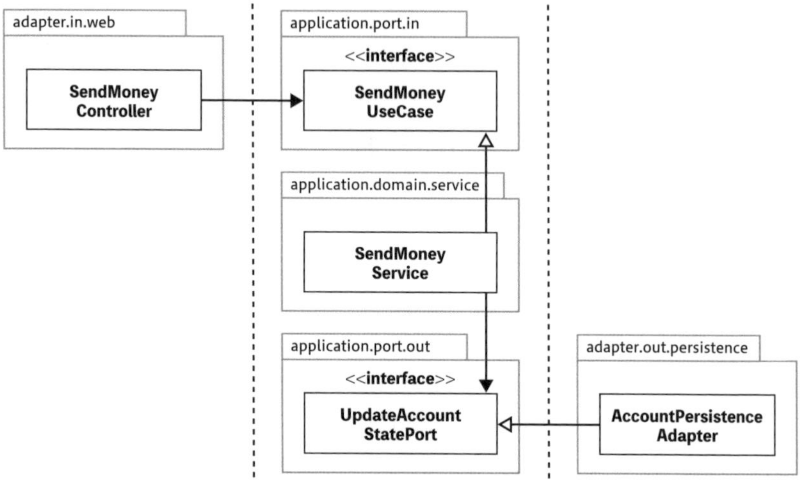

図4.5　アダプタ層のWebアダプタ (SendMoneyController) がアプリケーション層の受信ポート (SendMoneyUseCase) を呼び出すと、その実装であるサービス (SendMoneyService) が呼び出される。そして、そのサービスが送信ポート (LoadAccountPort) を呼び出すと、その実装クラスであるアダプタ層の永続化アダプタ (AccountPersistenceAdapter) が呼び出される

そうなると、アプリケーションの核に対して送信ポートの実装クラス（永続化アダプタ）のオブジェクトを提供するにはどうすればよいのでしょうか？　このような疑問が生じるのは、アプリケーション層でポートのインスタンス化を行なうのであれば、アプリケーション層にアダプタ層への依存を持ち込んでしまうことを想像してしまうからです【訳注4】。

まさに、このような場合に効果を発揮するのが**依存注入**なのです。この依存注入を可能にするためには、アプリケーションの構成を管理するコンポーネントを用意し、そのコンポーネントにすべての層への依存を持たせ、アーキテク

【訳注4】　つまり、今回の場合だと、アプリケーション層で、LoadAccountPort型のオブジェクトを生成する際に、その実装クラスであるAccountPersistenceAdapterクラスを指定してしまうと（具体的には、LoadAccountPort port = new AccountPersistenceAdapter();）、アプリケーション層はアダプタ層に依存してしまうことになります。

チャを構築するのに必要なほぼすべてのクラスのインスタンス化を任せるようにします。

たとえば、前掲の図4.5の場合であれば、SendMoneyControllerクラス、SendMoneyServiceクラス、AccountPersistenceAdapterクラスのオブジェクトを構成管理を行なうコンポーネント（つまり、依存注入を行なうコンポーネント）に生成させるようにします。このとき、SendMoneyControllerクラスのコンストラクタは引数からSendMoneyUseCase型のオブジェクトを受け取るようになっているため、構成管理を行なうコンポーネントはSendMoneyUseCaseインターフェイスの実装クラスであるSendMoneyServiceクラスのオブジェクトを生成し、その生成したオブジェクトをSendMoneyControllerクラスのコンストラクタの引数に渡します（要は、SendMoneyServiceクラスのオブジェクトをSendMoneyControllerクラスのコンストラクタに依存として注入するのです）。こうすることで、SendMoneyControllerクラスは、自身が受け取るものがSendMoneyUseCase型のオブジェクトであることだけを知っていればよくなるため、実際に受け取っているものがSendMoneyServiceクラスのオブジェクトなのかどうかを知らなくても済むようになります。

同様に、SendMoneyServiceクラスのオブジェクトを生成する場合も、依存注入を行なうコンポーネントを用いて、LoadAccountPortインターフェイスを実装したAccountPersistenceAdapterクラスのオブジェクトをSendMoneyServiceクラスのコンストラクタに注入します。こうすることで、SendMoneyServiceクラスはコンストラクタの引数に実際に渡された実装クラスが何なのかを知らなくても済むようになります。

本書の第10章では、アプリケーションをどのように組み立てていくのかについてDIコンテナの役割を担うSpringを用いてさらに詳しく見ていきます。

4.5 この章がどのように保守のしやすいソフトウェアを構築する際の助けとなるのか？

この章では、アーキテクチャの構成要素を意識したパッケージ構成を取ることで（ここではヘキサゴナルアーキテクチャを採用しました）、実際のパッケージ構成がそのアプリケーションで採用されているアーキテクチャを可能なかぎり表現できることを見てきました。こうすることで、アプリケーションに採用されているアーキテクチャの構成要素を見つけ出すのは、その構成要素の名前を持つパッケージをコードベースから探し出すことと同じになります。アーキテクチャについて同僚と話したり、アーキテクチャに沿ったアプリケーションを開発したり、アプリケーションを保守したりすることも行ないやすくなります。

次の章からは、このパッケージ構成に依存注入を用いることで、どのようにアプリケーション層にあるユースケース、およびアダプタ層にあるWebアダプタと永続化アダプタを実装するのかを見ていきます。

5

ユースケースの実装

それでは、これまで説明してきたアーキテクチャを実際のコードにどうやって反映するのかについて見ていきましょう。

ヘキサゴナルアーキテクチャを用いると、アプリケーション層とアダプタ層（Webアダプタや永続化アダプタ）が疎結合になるため、アプリケーションの核を他の層から束縛されることなく最適な形でモデリングできるようになります。その結果、アプリケーションの核をドメイン駆動設計が適用された実装にしたり、必要に応じて濃いドメインモデルにするのか、もしくは、薄いドメインモデル【訳注1】にするのか、という選択を行なったり、さらには、完全に独自の設計手法を用いた実装にしたりすることが可能になります。

この章では、今まで見てきたヘキサゴナルアーキテクチャを私（筆者）だったらどのように適用するのか、という観点でユースケースの実装について見ていきます。

ここでは、ドメインを中心としたアーキテクチャを構築するため、最初にドメイン駆動設計で言うところのエンティティを作成し、それから、その作成したエンティティのまわりを囲むようにユースケースを構築していきます。

5.1　ドメインモデルの実装

それでは、自身の口座から別の口座に送金するユースケースをどのように実装するのかについて考えていきましょう。まず、このユースケースをオブジェクト指向的にモデリングする方法の1つとして、口座を表わすAccountクラスを作成し、そのクラスに対して指定した金額を引き出すwithdrawメソッドと預け入れるdepositメソッドを定義することが考えられます。

【訳注1】　原著では「"anemic" domain model」となっており、一般的に「ドメインモデル貧血症」と訳されますが、本書では、必ずしも悪い意味で使われているわけではないため、「薄いドメインモデル」と訳しています。

```
package buckpal.application.domain.model;

（略）

public class Account {

  private AccountId id;
  private Money baselineBalance; // 基準日が始まる時点の口座残高
  private ActivityWindow activityWindow; // 取引の履歴

  // コンストラクタやGetter
  （略）

  // 残高を計算する
  public Money calculateBalance() {
    return Money.add(
        this.baselineBalance,
        this.activityWindow.calculateBalance(this.id));
  }

  // 自身の口座から引き出す
  // ※自身の口座から送金先の口座に送金した、という取引を取引履歴に追加する
  public boolean withdraw(Money money, AccountId targetAccountId) {
    if (!mayWithdraw(money)) {
      return false;
    }

    Activity withdrawal = new Activity(
        this.id, // 口座所有者の口座ID
        this.id, // 送金元の口座ID
        targetAccountId, // 送金先の口座ID
        LocalDateTime.now(),
        money);
    this.activityWindow.addActivity(withdrawal);
    return true;
  }

  // 引き出せる金額か？
  private boolean mayWithdraw(Money money) {
    return Money
        .add(this.calculateBalance(), money.negate())
        .isPositive();
  }
```

```
    // 自身の口座に預け入れる
    // ※送金元の口座から自身の口座に送金された、という取引を取引履歴に追加する
    public boolean deposit(Money money, AccountId sourceAccountId) {
      Activity deposit = new Activity(
          this.id, // 口座所有者の口座ID
          sourceAccountId, // 送金元の口座ID
          this.id, // 送金先の口座ID
          LocalDateTime.now(),
          money);
      this.activityWindow.addActivity(deposit);
      return true;
    }
  }
```

このAccountクラスはドメイン駆動設計で言うところのエンティティに該当するものであり、現時点における口座を表現するものです。そして、この口座に対して行なわれる引き出し、もしくは、預け入れに関するすべての取引はもう1つのエンティティであるActivityクラスで表現されるようにしています。また、各口座で起こった**すべての**取引を常にメモリー上に保持させておくことはリソースを圧迫することになるため、ここでは基準日（たとえば、10日前など）以降の取引のみを取引履歴（ActivityWindow）に保持させることにしています。

そのため、このAccountクラスにはbaselineBalanceフィールドが設けられており、そこに基準日が始まる時点での口座残高（つまり、取引履歴にまだ取引が格納されていない状態のときの口座残高）が格納されるようにしています。そして、このbaselineBalanceフィールドの金額に対して基準日以降に発生したすべての取引の金額を反映させることで、現時点の口座残高を算出できるようにしています。

このように、このドメインモデルでは、口座に対する引き出しや預け入れによる取引を取引履歴に加えることで口座の状態を表現できるようにしています。これらの取引の追加はエンティティであるAccountクラスのwithdrawメソッドとdepositメソッドで行なわれるようにしています。さらに、withdrawメソッドでは、「送金元の口座は自身の口座残高を超えた金額を送金してはな

らない」というビジネスルールが破られていないことをこのメソッドが呼び出されたときに確認するようにもしています。

これで、口座を表わすAccountクラスによるエンティティの定義がいったん終わり、そのクラスを用いて引き出しや預け入れができるようになりました。次に、このエンティティを用いてユースケースをどのように構築するのかについて見ていきましょう。

5.2 ユースケースの概要

それでは、ユースケースの構築を始める前に、ユースケースとは実際に何をするものなのかについて考えていきましょう。通常、ユースケースでは、次の手順で処理を進めるようになっています。

1. 入力値を受け取る
2. ビジネスルールに関する妥当性確認を行なう
3. ドメインモデルの状態を変える
4. 処理結果を返す

まず、ユースケースは受信アダプタから送られてきた入力値を受け取ります。そのため、この段階で入力値の妥当性確認を行なわないことに疑問を持つ読者もいるかもしれません。しかし、私個人の考えとしては、ユースケースのコードはドメインロジックのみに目を向けるべきであり、入力値の妥当性確認をここで行なうことはユースケースのコードを汚すことになると思っています。そのため、このサンプルのアプリケーションでは、入力値の妥当性確認を別のところで行なうようにしています（このことについてはあとで見ていきます）。

一方、ビジネスルールに関する妥当性確認はユースケースの責務であり、ユースケースはこの責務をドメインモデルと共に担うことになります（入力値の妥当性確認とビジネスルールに関する妥当性確認の違いについてはあとで見ていきます)。

こうして、リクエストの内容がビジネスルールに沿ったものであることをユースケースが確認できたら、次は、受け取った入力値をもとにエンティティの状態を変更します。通常、ユースケースはエンティティの状態を変更したあと、その状態を永続化するため、そのエンティティを永続化アダプタによって実装される送信ポートに渡します。ただし、このユースケースの中に永続化に関する処理の他に別の副作用を起こす処理も含まれているのであれば、永続化の送信ポートに加え、他の適切な送信ポートも呼び出すことになります。

そして、ユースケースが送信ポートから返ってきた戻り値を受け取ると、その戻り値を処理結果となるオブジェクトに変換し、そのオブジェクトをこのユースケースの呼び出し元である受信アダプタに返します。

それでは、これらの手順を意識しながら、「送金する (Send Money)」というユースケースがどのように実装されるのかを見ていきましょう。

ここでは、第2章で述べた肥大化したサービスになってしまうことを避けるため、1つのサービスにすべてのユースケースを扱わせるようなことはせず、ユースケースごとに個別のサービスを作成することにします。

こうして、作成したサービスが次のクラスになります【訳注2】。

```
package buckpal.application.domain.service;

import lombok.RequiredArgsConstructor;
import jakarta.transaction.Transactional;
（略）

@RequiredArgsConstructor
@Transactional
class SendMoneyService implements SendMoneyUseCase {
```

【訳注2】 @RequiredArgsConstructorはLombokが提供するアノテーションです。このアノテーションを付けることで、このクラスのfinal修飾子を付けて宣言されたフィールドを初期化するための引数を持ったコンストラクタがコンパイル時に自動生成されるようになります。

```
  private final LoadAccountPort loadAccountPort;
  private final UpdateAccountStatePort updateAccountStatePort;

  @Override
  public boolean sendMoney(SendMoneyCommand command) {
    // TODO: ビジネスルールに関する妥当性確認を行なう
    // TODO: モデルの状態を変える
    // TODO: 処理結果を返す
  }

   (略)
}
```

このSendMoneyServiceクラスは受信ポートであるSendMoneyUseCaseインターフェイスを実装し、サービスとしての役割を担うものです。このクラスでは、送金を行なうメソッドが呼び出されると、まず、データベースから口座の状態を取得するため、送信ポートとなるLoadAccountPortインターフェイスを呼び出します。そして、取得した口座の状態を持ったエンティティを使って送金を行なうと、口座の状態が変わります。そうしたら、その新しくなった口座の状態をデータベースに保存するため、送信ポートとなるUpdateAccountStatePortインターフェイスを呼び出します。

さらに、このサービスでは、@Transactionalを付けて、データベースのトランザクションにおける境界を定めています（このことについては第7章で詳しく見ていきます）。

次の図5.1で示すものは、これらのコンポーネント間の関係を図示したものになります。

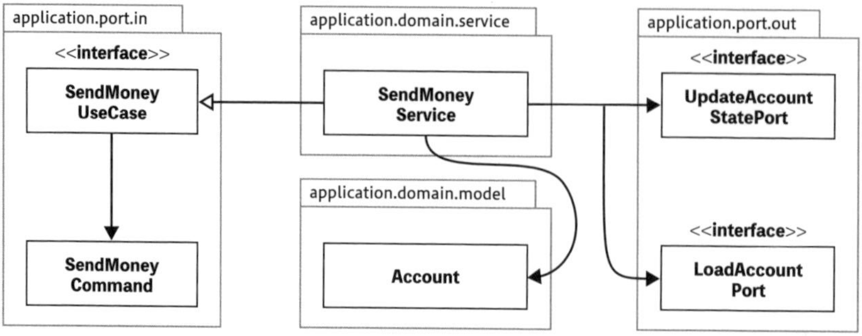

図5.1　サービスはユースケースを実装したものであり、現在のエンティティの状態を取得するために送信ポートを呼び出したあと、その取得したエンティティの状態を変更し、その変更した状態をデータベースに保存するために送信ポートを呼び出すようになっている

MEMO

このコードのUpdateAccountStatePortインターフェイスとLoadAccountPortインターフェイスは永続化アダプタによって実装される送信ポートです。もし、これら2つの送信ポートを一緒に使う頻度が高いのであれば、これらをまとめてより大きな1つのインターフェイスにすることも選択肢の1つになります。その場合、このインターフェイスの名前をドメイン駆動設計用語を用いて「Account Repository」と付けてもよいでしょう。本書では、永続化アダプタに対してのみ「Repository」と名付けるようにしていますが、もし、あなたが自身のアプリケーションを構築するときに別の名前を使いたいのであれば、その名前を使ってもかまいません。

それでは、次からは、「// TODO」と実装を保留した部分について見ていきましょう。

5.3　入力値の妥当性確認

それでは、ここで入力値の妥当性確認について考えてみましょう。先ほど、入力値の妥当性確認はユースケースの責務ではないことを述べたのですが、アプリケーション層の責務であると私は考えています。それはどういうことなのか、ここで私の考えを述べておこうと思います。

まず考えてほしいのが、ユースケースが入力値を受け取る前に、呼び出し元の受信アダプタで入力値の妥当性確認をなぜ行なわないのかという点です。では、受信アダプタで入力値の妥当性確認を行なったとして、その妥当性確認の結果をユースケースは完全に信じてもよいのでしょうか？ さらに、複数の受信アダプタが同じユースケースを呼び出すようになっている場合、各受信アダプタで妥当性確認を行なうことになりますが、その中に間違いがあったり、その実装が忘れられているアダプタがあったりしたら、どうなるのでしょうか？

これらのことを考えると、入力値の妥当性確認はアプリケーション層で行なわれるべきだという結論になります。そうしないと、アプリケーションの核の内部に外部から送られてきた不正な入力値が持ち込まれることになり、その結果、ドメインモデルの状態が破綻することになってしまうからです。

では、入力値の妥当性確認をユースケースで行なわないのであれば、どこで行なえばよいのでしょうか？

その答えは**入力モデル**になります。たとえば、前述の「送金する」というユースケースであれば、この入力モデルに該当するのが先ほどのコードでsendMoneyメソッドの引数となっていたSendMoneyCommandクラスになります。そこで、このSendMoneyCommandクラスに入力値の妥当性確認をコンストラクタで行なわせるようにします。

```
package buckpal.application.port.in;

（略）

public record SendMoneyCommand(
    AccountId sourceAccountId,
    AccountId targetAccountId,
    Money money) {

  public SendMoneyCommand(
      AccountId sourceAccountId,
      AccountId targetAccountId,
      Money money) {

    requireNonNull(sourceAccountId);
    requireNonNull(targetAccountId);
    requireNonNull(money);
    requireGreaterThan(money, 0);

    this.sourceAccountId = sourceAccountId;
    this.targetAccountId = targetAccountId;
    this.money = money;
  }
}
```

「送金する」というユースケースにおいて必要となる情報は送金元の口座ID（sourceAccountId）、送金先の口座ID（targetAccountId）、送金額（money）の3つになります。これらの情報はどれもnullにしてはならず、送金額は0よりも大きくなければなりません。そのため、もし、これらの条件をすべて満たせないのであれば、SendMoneyCommandクラスのオブジェクトを生成するときに例外を発生させるようにします。

さらに、ここでは、SendMoneyCommandクラスにrecordキーワードを付けて宣言することで、**不変オブジェクト**となるようにしています。そのため、もし、例外を発生させることなく、このクラスのオブジェクトを生成できたのであれば、このオブジェクトは妥当な状態になっており、その妥当な状態がこのあとも維持されることが保証されます【訳注3】。

　また、このSendMoneyCommandクラスはユースケースを構成するAPIの一部（入力モデル）であり、受信ポートで使われるため、受信ポートと同じパッケージに配置されることになります。そのため、入力値の妥当性確認はアプリケーションの核（ヘキサゴナルアーキテクチャの図で、六角形で表現された部分）の境界で行なわれることになりますが、そのロジックがユースケースのコードを汚すことはありません。

　ところで、このような入力値の妥当性確認を開発者自身の手で実装する必要はあるのでしょうか？　というのも、このような作業を開発者の代わりに（ある程度）行なってくれるツールが存在するからです。このような議論をすると、ドメインモデルのクラスにライブラリなどのツールに依存したコードを含めるべきではない、という反論が上がることは容易に想像できます。たしかに、依存を最低限に保つことは重要なのですが、わずかな依存を加えることで、大幅に時間や労力を節約できるのであれば、その依存を使うことが問題になるとは私には思えないのです。それでは、入力値の妥当性確認を容易に行なえるようにするツールであるBean Validation API[1]を使って先ほどのコードを書き換えてみましょう。

```
package buckpal.application.port.in;

import jakarta.validation.constraints.NotNull;
（略）

public record SendMoneyCommand(
    @NotNull Account.AccountId sourceAccountId,
    @NotNullAccount.AccountId targetAccountId,
```

【訳注3】 Daniel Sawano氏、Dan Bergh Johnsson氏、Daniel Deogun氏によって執筆された書籍『セキュア・バイ・デザイン』（マイナビ出版、2021年。原題『Secure by Design』）では、ビジネスルールが満たされていることを保証する値オブジェクトのことを「ドメインプリミティブ（domain primitive）」と呼んでおり、そのドメインプリミティブを使うことでソフトウェアの安全性を設計の観点からどのように高められるのかについて論じています。もし、設計と安全性の関係について興味がある場合は、一読することをお勧めします。

【1】 https://beanvalidation.org/

```
    @NotNull @PositiveMoney Money money) {

  public SendMoneyCommand(
      Account.AccountId sourceAccountId,
      Account.AccountId targetAccountId,
      Money money) {
    this.sourceAccountId = sourceAccountId;
    this.targetAccountId = targetAccountId;
    this.money = money;

    Validator.validate(this);
  }

  （略）
}
```

ここでは、コンストラクタでの処理の最後にValidatorクラスのvalidateメソッドを呼び出しています。このvalidateメソッドはフィールドに付けたBean Validation APIのアノテーションの条件が満たされているのかを確認するもので、もし条件が満たされていなければ、例外を発生させるようになっています。さらに、Bean Validation APIに用意されているアノテーションだけでは必要な条件を十分に表現できない場合、独自のアノテーションも作成できるようになっています。そこで、総金額（money）が0より大きいことを確認する@PositiveMoneyを用意することにしました[2]。

そして、これらのアノテーションを付けたフィールドに対して妥当性確認を行なうValidatorクラスが次のコードになります。

```
package buckpal.common;

import jakarta.validation.Validation;
import jakarta.validation.ConstraintViolation;
import jakarta.validation.ConstraintViolationException;
（略）
```

【2】　@PositiveMoneyのコードはhttps://github.com/thombergs/buckpalで入手できます。

```
public class Validator {

  private final static jakarta.validation.Validator validator =
      Validation.buildDefaultValidatorFactory()
          .getValidator();

  public static <T> void validate(T subject) {
    Set<ConstraintViolation<T>> violations = validator.validate(subject);
    if (!violations.isEmpty()) {
      throw new ConstraintViolationException(violations);
    }
  }
}
```

このように、入力モデルに入力値の妥当性確認を行なわせることで、ユースケースのまわりに腐敗防止層が備わることになります。ただし、この腐敗防止層とは、多層アーキテクチャの文脈における層を意味するものではなく、ユースケースのまわりをおおう薄い保護膜のようなものと考えてください。そして、この腐敗防止層があることで、不正な入力値がユースケースに入り込むことなく、呼び出し元に入力値が不正であったことを伝えられるようになります。

また、SendMoneyCommandクラスの名前に「Command」と付けられていますが、このことは一般的なCommandパターン[3]の解釈とは合っていないことに注意してください。一般的なCommandパターンの場合、「コマンド（command）」が意味することは、実際にユースケースを実行するexecuteメソッドを持つコードのことになります。一方、本書では、「コマンド」という言葉をユースケースの実行に必要なデータを持つデータ運搬オブジェクト（Data Transfer Object：DTO）を指すのに使っています。そのため、このクラスを「SendMoneyCommand」ではなく「SendMoneyDTO」と名付けてもよかったかもしれません。私の個人的な意見を言えば、このようなクラスに「コマンド」と名付け、

【3】 一般的なCommandパターンの説明についてはWikipediaを参照：https://en.wikipedia.org/wiki/Command_pattern（日本語版：https://ja.wikipedia.org/wiki/Command_パターン）

対象のユースケースがモデルの状態を変えることを明示するほうが好ましいと考えています。

5.4　コンストラクタの活用

実は、先ほど見た入力モデル（SendMoneyCommand）のコンストラクタには様々な責務が課せられていました。まず、このクラスは不変（record）であるため、コンストラクタに各フィールドの初期化を行なうための引数を用意しなければなりませんでした。さらに、このコンストラクタでは、受け取った引数の値に対して妥当性確認を行なうため、生成されるオブジェクトが不正な状態になることは決してないようにしていました。

ここで想像してほしいのですが、SendMoneyCommandクラスのコンストラクタは引数を3つ持っていましたが、もしコンストラクタに3つより多くの引数が求められるようになった場合、どうなるでしょうか？　もし、コンストラクタの引数がさらに増えるのであれば、オブジェクトの生成をより簡単に行なえるようにするため、Builderパターンを用いるようにリファクタリングすることを考える開発者もいるかと思います。実際、Builderパターンを用いれば、多くの引数を必要とするコンストラクタをプライベートで宣言し、そのコンストラクタの呼び出しをbuildメソッド内で行なわせることで、そのコンストラクタの呼び出しを外部から隠せるようになります。これで、コンストラクタの引数を間違えて設定するようなバグを回避できるようになります。たとえば、膨大な数の引数を必要とするコンストラクタがあった場合、Builderパターンを用いれば、次のようにして、新たなインスタンスを生成できます。

```
new SendMoneyCommandBuilder()
    .sourceAccountId(new AccountId(41L))
    .targetAccountId(new AccountId(42L))
    // 他のフィールドへの値の設定
     (略)
    .build();
```

もちろん、Builderパターンを用いる場合であっても、不正な状態のオブジェクトが生成されないように、コンストラクタ内で引数の妥当性確認を行なわなくてはなりません。

これでコンストラクタの引数が多い場合の問題も解決できるようになりました。いや、本当にそうでしょうか？　たとえば、このビルダー（SendMoneyCommandBuilder）に新たなフィールドを追加することになった場合のことを考えてみましょう（ソフトウェアプロジェクトにおいて、この種の変更が発生することは珍しいことではありません）。この場合、まず、生成対象となるクラスに新たなフィールドを追加することになりますが、それに伴って、そのクラスのコンストラクタとビルダーにも修正を加える必要があります。この修正をまさに行なっているときに、たとえば同僚が質問してきたり、緊急の電話がかかってきたりして、この修正の作業が一時中断してしまうと、思考の列車が止まってしまいます。そして、他の作業をしたあとに再びこの作業に戻ると、何をしようとしていたのかその詳細を忘れてしまうことが簡単に起こってしまいます。

しかも、ビルダーの変更をすべて終えていなかったとしても、不正な状態で不変オブジェクトを生成しようとしていることへの警告がコンパイラから発せられることはありません。運が良ければ、実行時において（より望ましいのは、単体テストの実施時において）、その新たに追加したフィールドに値が設定されていないことを理由に、妥当性確認のロジックが例外を発生させ、結果として、その欠陥に気づく、ということはあるかもしれません。

一方、オブジェクトの生成をビルダーの中に隠すのではなく、直接コンストラクタの引数から初期化を行なうようにした場合、このクラスに新しいフィールドを追加したり、既存のフィールドを取り除いたりすると、そのたびにコンパイルが失敗するようになります。そのため、そのときの例外に含まれているメッセージに従ってコードベースを修正すれば、対応漏れが出るようなことを回避できます。

また、IDE（統合開発環境）を活用すれば、コンストラクタに定義された多くの引数の並びを適切に整えることが可能になります。IDEによっては、図5.2

で示すように、引数名をヒントとして表示できるものもあります。

```
new ClassWithManyFields(
        name: "Donald",
        LocalDate.of( year: 1934, month: 6, dayOfMonth: 9),
        socialSecurityNumber: "1234567",
        birthplace: "Duckburg",
        street: "Duckstreet 42",
        city: "Duckburg",
        zipcode: "12345",
        country: "USA",
        state: "Calisota");
```

図5.2　IDEによっては引数名をヒントとして表示するものもあるため、そのようなIDEを使っていれば、何の引数を設定するのかがわからなくなることを避けられる

この他にも、このようなコードをさらに読みやすくし、安全にするのであれば、コンストラクタで使われている複数のプリミティブな型の引数を1つの不変な値オブジェクト（immutable value object）にまとめ、その不変な値オブジェクトをそれらの引数と置き換えるという方法が考えられます。値オブジェクトとは、そのオブジェクトの値自体が自身を識別するもの（identity）となるもので、もし、2つの値オブジェクトが同じ値を持つのであれば、それらは同じものとして扱われることになります。たとえば、この図5.2の場合であれば、通り（street）、市（city）、郵便番号（zipcode）、国（country）、州（state）を1つにまとめ、不変な値オブジェクトとしてAddressクラスを定義することが可能になります。さらに、各String型の値をCityクラスやZipCodeクラスなどの不変な値オブジェクトにすることも考えられます。こうすることで、たとえば、City型の引数にZipCode型の値を渡そうとすると、コンパイラ時にエラーとなるので、いくつものString型の引数が並ぶことで起こる間違いを減らせるようになります【訳注4】。

【訳注4】　Daniel Sawano氏、Dan Bergh Johnsson氏、Daniel Deogun氏によって執筆された書籍『セキュア・バイ・デザイン』（マイナビ出版、2021年。原題『Secure by Design』）では、この種の問題に、さらに、ドメインにおける安全性（security）の観点を加えて議論しています。もし、この種の間違いをいかに減らし、より安全な設計にするにはどうするのかに興味がある場合は、一度、読んでみることをお勧めします。

もちろん、Builderパターンを用いるほうがより優れた結果を得られることもあります。たとえば、図5.2で示したコンストラクタの引数の中に必須ではないものが含まれている場合、それらの引数が不要となるのであれば、それらにnullを渡すことで、きれいなコードとは言えないながらもコンストラクタで対応することは可能になります【訳注5】。一方、ビルダーを使う場合、ビルダーは必要な値のみを設定すればよいようになっているため、nullが設定されることを意識しなくても済むようになっています。ただしそのような場合であっても、buildメソッドが呼ばれたときに、必須の引数に対して値が設定されていなければ確実に例外を発生させ、オブジェクトの生成が失敗したことを伝えるようにしなければなりません。なぜなら、コンパイラはそのことを検証できないからです。

5.5 ユースケースと入力モデル

ユースケースの実装において、異なるユースケースであるのにもかかわらず、1つの入力モデルを複数のユースケースで使い回すようなコードを目にすることがよくあります。そこで、新たなユースケースとして「口座を登録する（register account）」と「口座情報を変更する（update account detail）」を加えることになった場合について考えてみましょう。この場合、両方のユースケースで必要となる情報は口座に関する情報（たとえば、ユーザー名やメールアドレスなど）であるため、入力モデルはほぼ同じものになります。

異なる箇所は、「変更する（update）」に関するユースケースにおいては、変更する口座を識別するための口座IDが必要となるのに対し、「登録する（register）」に関するユースケースにおいては口座IDは必要ではない、という点です。そのため、もし、これらのユースケースが両方とも同じ入力モデルを

【訳注5】 nullの代わりにNullオブジェクト（参照 https://codezine.jp/article/detail/4721）を渡すという選択肢もあります。ただし、そうするほうがよいのかは状況によって変わります。

使うことになると、「登録する（register）」に関するユースケースに対応するため、口座IDを`null`にすることを許可しなくてはならなくなります。このような実装は控えめに言えば美しくなく、悪く言えば有害です。なぜなら、どちらのユースケースであれ、変更が加えられるたびに、その影響をどちらか一方が受けることになるからです。

また、不変となるように設計した入力モデルに対して`null`を値として持つフィールドを許してしまうとコードから嫌な臭い（code smell）が漂うようになってきます。さらに重大な問題として、このような場合にどのようにして入力値の妥当性確認を行なうのかという問題が出てきます。今回の場合だと、一方のユースケースが口座IDを必要とするのに対し、もう一方のユースケースは口座IDを必要としないため、これらのユースケースには異なる妥当性確認が必要になります。そうなると、各ユースケースに対して妥当性確認のロジックを持たせることが選択肢として思いつくのですが、このような対応をしてしまうと、純粋であるべきビジネスロジックのコードに入力値の妥当性確認という不要な関心事が持ち込まれてしまい、コードが汚れてしまいます。

このことに加え、もし「口座を登録する」というユースケースで口座IDが`null`ではない入力モデルを受け取った場合、どうするのが正しい振る舞いなのかわからなくなります。このような場合、例外をスローすることが正しい振る舞いなのでしょうか？　それとも、口座IDの値を単に無視するのが正しい振る舞いなのでしょうか？　まさに、このような疑問を抱かせるコードが保守を担当する人たちや、もちろん、将来の私たちに対して不必要な負担を課すものとなるのです。

そのため、ユースケースごとに専用の入力モデルを持つようにすれば、ユースケースがどのように振る舞うべきなのかがより鮮明になることに加え、他のユースケースとの分離がさらに進むため、異なるユースケースから意図しない影響を受けることも防げるようになります。しかし、ユースケースごとに異なる入力モデルを用意するのは同じ入力モデルを共有する場合と比べてコストがかかります。なぜなら、ユースケースごとに入力モデルへの変換ロジックを用意しなければならなくなるからです。本書の第9章で、このようなデータの変換に関する戦略について詳しく見ていきます。

5.6 ビジネスルールに関する妥当性確認

入力値の妥当性確認はユースケースのロジックに含めるべきではないのですが、ビジネスルールに関する妥当性確認はユースケースのロジックに含めなくてはならないものです。ビジネスルールはアプリケーションの核を成すものであるため、適切な注意を払って扱わなければなりません。そうなると、いつ入力値の妥当性確認を行なうべきであり、いつビジネスルールに関する妥当性確認を行なうべきなのか、という疑問が湧いてきます。

そこで、このような場合に目を向けるのが妥当性確認の性質とドメインモデルの関係における違いです。まず、ビジネスルールに関する妥当性確認はドメインモデルの現在の状態にアクセスする必要があるのに対し、入力値の妥当性確認はそのようなことをする必要がありません。そのため、入力値の妥当性確認は前述のコード例で見たように`@NotNull`などのアノテーションを付けて宣言的に実装できる一方、ビジネスルールに関する妥当性確認はその時点における文脈を考慮した確認を行なうことが求められます。

言い換えると、入力値の妥当性確認は**構文的**（syntactical）な妥当性確認であるのに対し、ビジネスルールに関する妥当性確認はユースケースの文脈を踏まえて判断する**意味的**（semantical）な妥当性確認となるのです。

そこで、「送金元の口座は自身の口座残高を超えた金額を送金してはならない」という条件について考えてみましょう。先ほどの妥当性確認の違いに関する定義に従えば、この条件はビジネスルールに関する妥当性確認に該当します。なぜなら、この条件はドメインモデルの現在の状態を取得して、送金額が送金元の現在の口座残高を超えていないことを確認しなければならないからです。

一方、「送金額は`0`よりも大きくなくてはならない」という条件はドメインモデルにアクセスしなくても確認できます。そのため、この条件は入力値の妥当性確認として実装されることになります。

この区別の仕方に同意できない読者がいることはもちろん承知しています。特に、送金額自体は非常に重要なものであるため、送金額に対する妥当性確認はどのような場合であってもビジネスルールとして扱わなくてはならない、と考える開発者もきっといることでしょう。

しかしながら、構文的な妥当性確認と意味的な妥当性確認をこのように区別することは、コードベースのどこに対象となる妥当性確認のロジックが記述されているのかが明確になり、あとで、そのロジックが記述されたコードを見つけ出しやすくなります。なぜなら、その妥当性確認が現在のドメインモデルの状態を必要とするのか否かを単純に考えればよいからです。このことは開発者がこれらの妥当性確認を実装する際の助けになるだけではなく、将来、このコードを保守する人たちにとっても大きな助けとなります。

それでは、そのビジネスルールをどのように実装すればよいのかについて考えてみましょう。

まず、最善だと思われるのは、ビジネスルールをエンティティ内に記述することです。そこで、「送金元の口座は自身の口座残高を超えた金額を送金してはならない」というビジネスルールを次のコードで示すようにエンティティ内で確認させるようにします。

```
package buckpal.application.domain.model;

 (略)

public class Account {

  (略)

  // 引き出す
  public boolean withdraw(Money money, AccountId targetAccountId) {
    // 引き出すことが可能な金額か？
    if (!mayWithdraw(money)) {
      return false;
    }
     (略)
  }
```

```
    (略)
  }
```

このようにした場合、ビジネスルールがどこにあるのかが簡単にわかり、なぜ、そのような妥当性確認を行なっているのかも簡単に理解できるようになります。なぜなら、そのビジネスルールはそのルールを必要とするビジネスロジック内にあるからです。

もし、ドメインモデルの中でビジネスルールに関する妥当性確認を実装できないのであれば、ドメインモデルが操作される前に、ユースケース内で妥当性確認を行なわせるという方法も考えられます。

```
package buckpal.application.domain.service;

 (略)

@RequiredArgsConstructor
@Transactional
class SendMoneyService implements SendMoneyUseCase {

   (略)

  // 送金する
  @Override
  public boolean sendMoney(SendMoneyCommand command) {
    // 送金元の口座が存在するか?
    requireAccountExists(command.getSourceAccountId());
    // 送金先の口座が存在するか?
    requireAccountExists(command.getTargetAccountId());
     (略)
  }
}
```

ここでは、実際に妥当性確認を行なうメソッドを呼び出し、もし、その妥当性確認が「偽(false)」となる場合は、そのことを示す専用の例外を発生させるようにしています。このようになっていれば、UI(User Interface)となる受信アダプタがその例外をキャッチして、その例外に対するメッセージをユーザーに表示させるのか、それとも、それとは異なる対処を行なうのかを判断できるようになります【訳注6】。

今回扱った妥当性確認は、送金元の口座と送金先の口座がデータベースに登録されているのかを確認するだけの単純なものだったのですが、場合によっては、データベースからドメインモデルを読み込んで、その状態を確認することが要求されるような、さらに複雑なビジネスルールに関する妥当性確認を実装しなければならないことがあります。この場合は、最終的にはドメインモデルを読み込むことになるため、前述の「送金元の口座は自身の口座残高を超えた金額を送金してはならない」というルールのときと同じように、ドメインモデル自体にそのビジネスルールを実装することになります。

5.7　濃いドメインモデル vs. 薄いドメインモデル

ここまでは、ドメインモデルをどのように実装するのかについて特に制約を設けてきませんでした。このような制約を設けなかったことで良かったことがあります。それは、ドメインモデルを状況に応じて正しいと思える実装にできたことです。その一方、制約を設けなかったことで悪かったこともあります。それは、どのようにドメインモデルを実装するのかという指針がないままドメインモデルを実装することになったことです。

ドメインモデルの実装に関してよく議論となるのが、ドメイン駆動設計の哲学に沿った**濃いドメインモデル**を実装すべきか、それとも**薄いドメインモデル**【訳注7】を実装すべきかという点です。そこで、これらの2種類のドメインモ

【訳注6】　このようにすることで、リクエストが不正だったときに、そのことをユーザーにどのように伝えるのかというUIの関心事をアプリケーション層の外で扱えるようになります。

【訳注7】　原著では、「"anemic" domain model」となっており、一般的に「ドメインモデル貧血症」と訳されますが、本書では、必ずしも悪い意味で使われているわけではないため、「薄いドメインモデル」と訳しています。

デルをそれぞれどのように今回のアーキテクチャに組み込めば、うまく機能するのかについて考えてみましょう。

まず、濃いドメインモデルを採用する場合、ドメインロジックはアプリケーションの核にあるドメインモデル内に可能なかぎり実装されることになります。そして、そのドメインモデルに自身の状態を変えるメソッドを提供させることで、ビジネスルールに従った状態の変更しかできないようにし、常に状態が妥当であることを維持できるようにします。このような実装にしたものが前述のAccountクラス（ドメイン駆動設計においてエンティティの役割を担うもの）になります。そうなると、このシナリオにおいてユースケースには何を実装することになるのでしょうか？

濃いドメインモデルを採用した場合、ユースケースはドメインモデルへの入り口として振る舞います。つまり、この場合のユースケースは、ユーザーが何を行なおうとしているのかという意図を表現するものでしかなく、そのユースケースが担う責務は、その意図を一連のドメインエンティティへの呼び出しに変換することだけになるのです。そのため、実際の処理はドメインエンティティで行なわれることとなり、その結果、多くのビジネスルールはユースケースではなくドメインエンティティに実装されることになります。

そうなると、「送金する」というユースケースの実装は具体的に何をするのでしょうか？ この場合、まず、送金元と送金先の口座の情報をデータベースから取得し、その取得した情報からエンティティを作成します。そして、その作成したエンティティに対してwithdrawメソッドやdepositメソッドを呼び出したあと、状態が変わったドメインモデルをデータベースに保存します[4]。

一方、薄いドメインモデルを採用した場合、エンティティは非常に薄いものとなります。通常、そのようなエンティティに含まれるものは状態を保持するフィールドとその状態を取得したり設定したりするためのGetter/Setterメソッ

【4】 本来であれば、このとき、ユースケースの実装は送金を行なっているあいだに他の送金が送金元の口座や送金先の口座で行なわれていないことを保証しなくてはなりません。なぜなら、そのようなことが起こると、残高以上に送金できてしまうことがあるからです。ここではわかりやすさを優先して、そのルールの実装を省略しています。

ドだけとなり、ドメインロジックが実装されることはありません。
　そうなると、ドメインロジックはどこに実装されることになるのでしょうか？この場合、ドメインロジックはユースケースに実装されることになります。そのため、ビジネスルールの妥当性確認を行なったり、エンティティの状態を変えたり、その状態を変えたドメインモデルを送信ポートに渡してデータベースに保存させたりする責務をユースケースが担います。つまり、ビジネスルールの多くはエンティティではなく、ユースケースに実装されることになります。
　どちらのスタイル、もしくは、これらとは異なるスタイルを採用する場合であっても、本書で見ていくアーキテクチャの手法を用いれば、うまく機能させられます。そのため、どのスタイルを採用するのかを必要に応じて柔軟に選択できることになります。

5.8　ユースケースごとに異なる出力モデル

　このようにして、ユースケースが処理を終えると、そのユースケースは何を呼び出し元に返すべきなのでしょうか？
　この場合、望ましいのは、入力モデルのときと同じように、呼び出し元に返す出力モデルも可能なかぎりそのユースケース独自のものにすることです。なぜなら、そのような出力モデルは呼び出し元が処理をするのに本当に必要なデータしか含まれなくなるからです。
　先ほどの「送金する」というユースケースの場合は、戻り値には真偽値（boolean）が返るようになっていました。この戻り値はこの文脈において最小限のものであり、具体的な値になります。
　もしユースケースの呼び出し元が更新された残高を必要とするのであれば、新しい状態にしたAccountクラスのオブジェクトを戻り値として返すことを考える開発者もいるかと思います。
　しかし、ここで考えるべきなのは、この「送金する」というユースケースが新しい状態のAccountクラスのオブジェクトを返すことを本当に必要としているのかということです。もし、必要としているのであれば、更新された状態のAccountクラスのオブジェクトを取得する新たなユースケースを追加することも選択肢として考えられるようになります。なぜなら、異なるコードからもそのユースケース（最新の口座情報を取得する）を呼び出したくなることが想像できるからです。

このように、ユースケースが返す出力モデルをどのようにすべきかという問いの答えは1つだけではありません。しかしながら、ユースケースをできるだけ明確なものにするには、このような疑問を常に持ち続けなければなりません。そして、もし何らかの疑念が生じるのであれば、可能なかぎり少ない情報を返すようにするのがよいでしょう。

また、異なるユースケース間で同じ出力モデルを共有することはユースケース同士を密結合させてしまうことになります。たとえば、もし、そのようなユースケースの1つが出力モデルに対して新たなフィールドを必要とするようになった場合、その出力モデルに新たなフィールドを加えると、そのフィールドを必要としないユースケースもそのフィールドを扱わなくてはならなくなってしまいます。そして、プロジェクトが長く続いていくと、このような共有された出力モデルは様々な理由で大きくなっていきます。そのため、このようなユースケース同士の密結合を防ぐためには、単一責任の原則を適用し、出力モデルを分離することが重要になります。

これと同じ理由で、出力モデルにドメインエンティティを使うことは避けたほうがよいでしょう。というのも、ドメインエンティティをドメインとは関係のない理由で変えるようなことを防ぎたいからです。本書の第11章では、これとは逆にドメインエンティティを入力モデルや出力モデルとして使うことをあえて選択する場合について見ていきます。

5.9　読み込みしか行なわないユースケースの場合

ここまでは、ドメインモデルの状態を変えるユースケースをどのように実装するのかについて見てきました。ここからは読み込みしか行なわないユースケースをどのように実装するのかについて考えていきます。たとえば、ある画面に対して口座残高を表示することが求められるようになったとします。このような場合、わざわざ、新たなユースケースを実装する必要はあるのでしょうか？

このような読み込みしか行なわないユースケースについて考えることは少し奇妙な感じがします。たしかに、UIは画面に表示するためのデータを必要とするため、そのデータを提供するものを「口座残高を表示する（View Account Balance）」という名前のユースケースとして定義することもあるかもしれません。しかし、このような処理を「ユースケース」と呼ぶのは少し不自然な気もします。なぜなら、もし「口座残高を表示する」ことがプロジェクトの文脈においてユースケースとして見られるのであれば、他のユースケースと同じような実装にすべきであることを意味するからです。

このことをアプリケーションの核の観点から見た場合、ここで行なおうとしていることは単なるデータの取得にすぎません。そのため、もし、この読み込みをプロジェクトの文脈においてユースケースとして見ないのであれば、この読み込みを実際のユースケースから切り離して、単なるクエリ（query）、つまり、単なる読み込み処理として実装することも選択肢として考えられるようになります。

そこで、ヘキサゴナルアーキテクチャ上でこのことを実装するのであれば、次のコードで示すように、そのクエリのための受信ポートを作成し、その受信ポートを実装したクエリのサービス（query service）を作成するようにします。

```
package buckpal.application.domain.service;

（略）

@RequiredArgsConstructor
class GetAccountBalanceService implements GetAccountBalanceQuery {

  private final LoadAccountPort loadAccountPort;

  // 口座の残高を取得する
```

```
  @Override
  public Money getAccountBalance(GetAccountBalanceQuery query) {
    return loadAccountPort
        .loadAccount(query.accountId(), LocalDateTime.now())
        .calculateBalance();
  }
}
```

見てのとおり、このクエリのサービスとなるGetAccountBalanceServiceクラスのコードは前述のコマンドのサービスを作成したときと同じような手順を踏んでいます。具体的には、このクエリのサービスは受信ポートとなるGetAccountBalanceUseCaseインターフェイスを実装し、その中で送信ポートとなるLoadAccountPort型のオブジェクトを呼び出して、データベースから必要なデータを取得するようになっています。このメソッドでは、入力モデルとしてGetAccountBalanceQueryクラスを受け取らせるように定義しています。

このように入力モデルの名前に「Query」と付けることで、この入力モデルを受け取るサービスが読み込みしか行なわないサービスであることを入力モデルの名前を見るだけで明確に区別できるようになります。また、サービスをコマンドとクエリに分別することはコマンドクエリ分離（Command-Query Separation：CQS）やコマンドクエリ責務分離（Command-Query Responsibility Segregation：CQRS）の概念を適切に適用していることになります。

実際には、このクエリのサービスが行なっているのはデータベースへのリクエストを送信ポートに渡し、その送信ポートから受け取った処理結果をそのまま呼び出し元に返しているだけで、その他の作業は何もしていません。そのため、もし同じモデルを層の境界を越えて使うのであれば、これらの手順を省略して、クライアントから送信ポートを直接的に呼び出すような短絡的な実装にすることもあえて選択肢の1つとして考えられるようになります。本書の第11章では、このような特殊なケースにおける短絡的な実装について考えていきます。

5.10 この章がどのように保守のしやすいソフトウェアを構築する際の助けとなるのか?

ここでは、ヘキサゴナルアーキテクチャを用いることで、ドメインロジックを最適な形で実装するのと同時に、ユースケースごとに入力モデルと出力モデルを個別に定義することで、他のユースケースから意図しない影響を受けないようにする設計について見ていきました。

たしかに、ユースケースごとに入力モデルと出力モデルを個別に用意するのは、同じモデルを複数のユースケースで共有する場合と比べて、手間と時間がかかります。なぜなら、ユースケースごとに個別のモデルを用意するだけでなく、用意したモデル（入力モデルや出力モデル）とエンティティとの変換も実装しなくてはならなくなるからです。

ユースケースごとに独自のモデルを用意すれば、ユースケースが何をするものなのかをより明確に理解されるようになり、その結果、保守もしやすくなります。加えて、このようにすることで複数のユースケースをそれぞれ異なる開発者が同時に実装しても、お互いに影響を与えることはなくなります。

このように、厳格な入力値の妥当性確認を備えた入力モデルと出力モデルをユースケースごとに用意することはコードベースを長期間にわたって保守するのに大いに役立ちます。

それでは、次の章からは、アプリケーションの核から一歩外に出て、ユーザーが目的のユースケースを実施させるために呼び出すWebアダプタをどのように構築するのかについて見ていきましょう。

6

Webアダプタの実装

昨今、ほとんどのアプリケーションには、何らかのWebインターフェイス、たとえば、Webブラウザを介したユーザーとのやり取りで使われるUIや他のシステムとの連携を可能にするHTTP APIなどが組み込まれています。

ヘキサゴナルアーキテクチャの場合、アプリケーションの外にあるものとのコミュニケーションはすべてアダプタを介して行なうようになっています。本章では、そのようなWebインターフェイスを提供するWebアダプタをどのように実装するのかについて見ていきます。

6.1　依存関係の逆転

Webアダプタとアプリケーションの核を構成する要素との関係を図6.1に示します。ここでは、Webアダプタ自体が受信ポートを経由してどのようにアプリケーションの核とのコミュニケーションを取るのかを表わしています。

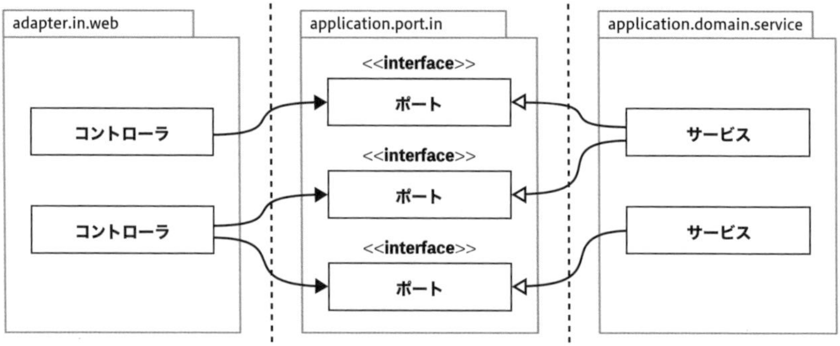

図6.1　受信アダプタ【訳注1】(Webアダプタ)は専用の受信ポートを介してアプリケーションの核とのコミュニケーションを取るようになっている。受信ポートはアプリケーション層が提供するインターフェイスであり、サービスによって実装される

【訳注1】「入力アダプタ」や「第一アダプタ(primary adapter)」と呼ばれることもあります。

Webアダプタはヘキサゴナルアーキテクチャで言うところの**受信アダプタ**（incoming adapter）もしくは**駆動アダプタ**（driving adapter）【訳注2】に該当するもので、HTTP経由で送られてくるリクエストを受け取ると、そのリクエストをもとにアプリケーションの核を呼び出すようになっています。受信アダプタはこの呼び出しを行なう際、アプリケーションの核で何を行なうべきなのかを選択し、その選択したことを実施するのに必要な情報をアプリケーションの核に渡します。このときの制御の流れはWebアダプタ（コントローラ）からアプリケーション層にある受信ポートを経由してサービスへと向かいます。

このように、Webアダプタはアプリケーション層で提供される受信ポートを呼び出すことで、受信ポートを経由してアプリケーションの核とコミュニケーションを取れるようになります。また、アプリケーション層で提供される各ポートは前章で見た**ユースケース**をそれぞれ表現したものであり、アプリケーションの核内にあるサービスによって実装されるようになっています。

この部分をさらに突き詰めて見ていくと、この設計は**依存関係逆転の原則**を適用したときの構造と同じであることに気がついた読者もいることかと思います。ただし、ここでの制御の流れはアプリケーションの外から内へと向かっているため（左から右へと向かう流れであるため）、図6.2で示すように、Webアダプタが直接サービスを呼び出しても問題がないように思えます。

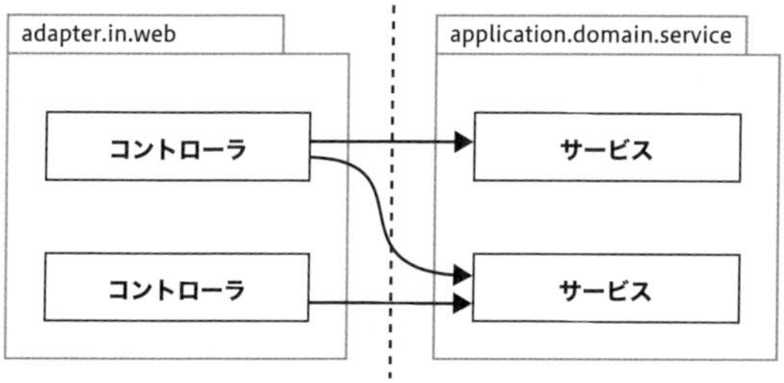

図6.2 Webアダプタは受信ポートを介さずに直接サービスを呼び出しても問題がないように思える

【訳注2】「入力アダプタ」や「第一アダプタ（primary adapter）」とも呼ばれます。

それでは、なぜWebアダプタとサービスとのあいだにポートという間接参照（indirection）の層を設けているのでしょうか？

その理由は、ポートの役割が外部からアプリケーションの核とコミュニケーションを取るための仕様を提示することにあるからです。そのため、ポートを配置すれば、目的のユースケースをアプリケーションの核に実施させるにはどのAPIを呼び出せばよいのかが外部から正確にわかるようになります。このことは、特にコードベースが古くなったとき、保守を行なう人たちにとって価値のある情報となります。

さらに、ポートがあることでアプリケーションのテスト用ドライバ（テスト対象のシナリオを実行するために受信ポートを呼び出す受信アダプタ）の作成も行ないやすくなります。テストに関しては本書の第8章で詳しく見ていきます。

このように受信ポートを設置することには意味があります。一方、本書の第11章では、受信ポートをあえて介さずに、アプリケーションの核内にあるサービスを直接的に呼び出す短絡的な実装について見ていき、どのような場合にそのような設計を採用するのかについても考えていきます。

アプリケーションの核とその外にあるものとがお互いにデータを送信し合うようになっている場合、ポートを設置するほうがよいのか、それともポートを設置しないほうがよいのかという判断を簡単には下せないことがあります。たとえば、アプリケーションで作成されるデータをWebソケットを介してリアルタイムにブラウザへ送信するような場合です。このような場合、アプリケーションの核はそのようなリアルタイムのデータをどのようにWebアダプタに送り、そのデータを受け取ったWebアダプタはどのようにそのデータをユーザーが見ているブラウザに表示すればよいのでしょうか？

この場合、ポートは間違いなく必要となります。なぜなら、もしポートを設置しないのであれば、アプリケーションの核はWebアダプタの実装に依存することになり、せっかくアプリケーションの核が外部のものに依存しなくても済むようにしてきた努力を無駄にしてしまうからです。ただし、この場合のポートは、Webアダプタ（Webソケット用コントローラ）によって実装され、サービスによって呼び出されるようにしなければなりません【訳注3】（図6.3）。

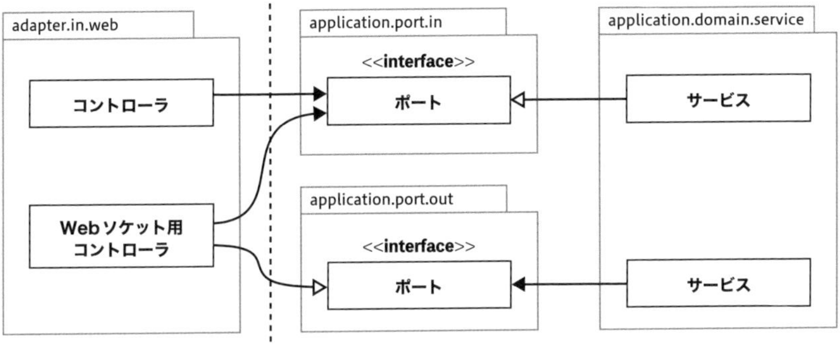

図6.3　もし、アプリケーションがWebブラウザに通知を行なうのであれば、Webアダプタとサービスとのあいだに送信ポートを配置し、依存の方向が常に正しい方向を向くようにしなくてはならない

この場合、Webアダプタとなる Webソケット用コントローラ（図6.3の左下のコントローラ）は送信アダプタの役割を担うことになるため、application.port.outパッケージに置かれたポートを実装し、アプリケーションの核がそのポートを呼び出すことで、ユーザーが見るブラウザにリアルタイムのデータが表示されるようになります。

技術的に言えば、このときに設置されるポートは送信ポート（outdoing port）もしくは被駆動ポート（driven port）と呼ばれるものになります。そして、Webソケット用コントローラはこの送信ポートを実装することになるため、このWebアダプタは「受信アダプタと送信アダプタの両方の性質を持つ」ことになります。このように、同じアダプタが受信アダプタと送信アダプタの両方のアダプタの役割を担うことは不可能なことではありません。しかしながら、本書では、これ以降、Webアダプタが受信アダプタとなるケースしか見ていきません。なぜなら、このようなWebアダプタの使い方が最も一般的だからです。

【訳注3】　このあとに説明が出てきますが、この場合のポートの役割は受信ポートではなく、送信ポートになります。

6.2　Webアダプタの責務

それでは、Webアダプタとは実際に何をするものなのかについて考えていきましょう。たとえば、サンプルのアプリケーションである「BuckPal」がREST APIを提供することになった場合を想像してください。そうなると、Webアダプタの責務はどこから始まり、どこで終わることになるのでしょうか？

通常、Webアダプタは次の順で処理を行ないます。

1. 送られてきたHTTPリクエストをプログラムで利用可能なオブジェクトに変換する。
2. 認証／認可の確認を行なう。
3. 入力値の妥当性確認を行なう。
4. 入力値をユースケースの入力モデルに変換する。
5. ユースケースを呼び出す。
6. ユースケースの処理結果をHTTPレスポンスに変換する。
7. HTTPレスポンスを返す。

まず、Webアダプタは指定した条件（URLのパス、HTTPメソッド、コンテンツの種類などの一致）を満たしたHTTPリクエストを受け取れるようになっていなければなりません。そして、その条件を満たしたHTTPリクエストが送られてくると、Webアダプタはそのリクエストに含まれるパラメータの値とコンテンツをデシリアライズして、プログラムで利用可能なオブジェクトに変換します。

一般的には、このあとにWebアダプタで認証／認可の確認が行なわれ、不正だと判断された場合、Webアダプタはこの処理を失敗させます。

そして、この認証／認可の確認が終わると、HTTPリクエストから受け取った入力値に対して妥当性確認を行ないます。このとき、入力値の妥当性確認はユースケースに渡される入力モデルで行なわれているのではないのかという疑問を読者の皆さんは抱くかもしれません。たしかに、ユースケースに渡される入力モデルはユースケースの文脈において妥当な入力値だけしか受け取らないようになっていますが、今話題にしているのは「Webアダプタ」に渡される入力値のことになります。そのため、この場合の入力値はユースケースに渡される入力モデルのときとは異なる構造や意味を持つことになるため、ユースケースの場合とは文脈的に異なる妥当性確認が行なわれることになります。

つまり、ここで行なわれる入力値の妥当性確認では、Webアダプタが受け取った入力値をユースケースが受け取る入力モデルに変換できるのかということが確認されるのです【訳注4】。そして、この変換を妨げるものはすべて不正な入力値として処理されることになります。

こうして、Webアダプタがユースケースに渡す入力モデルを作成できたら、その作成した入力モデルを用いて目的のユースケースを呼び出します。そして、そのユースケースの処理が問題なく終わり、その処理結果がWebアダプタに返ってきたら、Webアダプタはその処理結果をシリアライズしてHTTPレスポンス内に含め、呼び出し元にそのHTTPレスポンスを返します。

もし途中で何らかの問題が発生し、例外が発生することになったら、Webアダプタはその例外を問題が発生したことを伝えるメッセージに変換し、そのメッセージをWebアダプタの呼び出し元に返します。

このようにWebアダプタには多くの責務が課せられています。しかし、このことを逆の観点から見ると、Webアダプタがこれらの責務を担ってくれているため、アプリケーション層はこれらの責務を意識せずに済んでいるとも考えられます。そもそも、HTTPに関する責務をアプリケーションの核に持ち込んではなりません。なぜなら、ビジネスロジックでHTTPに関することを扱ってしまうと、そのビジネスロジックはHTTPに関することをまったく扱わない他の受信アダプタからは呼び出せなくなってしまうからです。アーキテクチャを保守のしやすいものにするのであれば、アプリケーションの核は様々な選択肢を受け入れられる設計になっていなくてはなりません。

【訳注4】 たとえば、数値が文字列になっていないか、セキュリティ的に危険なデータが含まれていないかなど。

ここで少し想像してほしいのは、もし、開発をUIを含めたWebアダプタからではなく、ドメイン層とアプリケーション層から始めるようにしていれば、Webアダプタとアプリケーション層との境界は自然と形成されるようになるということです。最初にユースケースの実装を行なってしまえば、特定の受信アダプタのことをまったく意識しなくなるため、Webの関心事がユースケースに持ち込まれることがなくなり、明確な境界ができることになります。

6.3 コントローラの分割

ほとんどのWebフレームワーク（たとえば、Javaの場合であれば、Spring MVCなど）では、先ほどまで見てきたWebアダプタの責務を担うコントローラを開発者が作成するようになっています。このようなWebフレームワークを用いたWebアプリケーションの設計を考えると、アプリケーションに送られてくるすべてのリクエストを1つのコントローラだけで処理させるべきかという疑問が湧いてきます。しかし、この答えは「No」であり、そのような設計にする必要はなく、リクエストを受け取るWebアダプタを複数のクラスを用いて構築しても何も問題はありません。

ただし、そのような設計にするのであれば、第4章で述べたように、それらのクラスを同じパッケージに配置し、お互いが関係するものであることを明確にわかるようにしなければなりません。

もちろんその場合は、作成することになるコントローラはかなり多くなりますが、本書では、コントローラの数は少なすぎるよりも多すぎるほうがよいと考えています。そのために、各コントローラがWebアダプタとして振る舞う範囲をできるだけ狭くし、他のコントローラと重複する部分が可能なかぎり存在しないようにすべきであると考えています。

それでは、サンプルのアプリケーション「BuckPal」で、口座（account）を操作するコントローラをどのように実装するのか見ていきましょう。一般的に行なわれるアプローチは、口座に関することをすべて扱うコントローラ

(AccountController) を1つだけ用意し、そのコントローラに口座の操作に関するすべてのリクエストを受け取らせるようにすることです。Springを用いて、そのようなREST APIを提供するコントローラを作成すると次のようになります。

```
package buckpal.account.adapter.in.web;

import org.springframework.web.bind.annotation.RestController;
import org.springframework.web.bind.annotation.GetMapping;
import org.springframework.web.bind.annotation.PathVariable;
import org.springframework.web.bind.annotation.PostMapping;
（略）

@RestController
@RequiredArgsConstructor
class AccountController {

  private final GetAccountBalanceQuery getAccountBalanceQuery;
  private final ListAccountsQuery listAccountsQuery;
  private final LoadAccountQuery loadAccountQuery;

  private final SendMoneyUseCase sendMoneyUseCase;
  private final CreateAccountUseCase createAccountUseCase;

  @GetMapping("/accounts")
  List<AccountResource> listAccounts(){
    （略）
  }

  @GetMapping("/accounts/{id}")
  AccountResource getAccount(@PathVariable("id") Long accountId){
    （略）
  }

  @GetMapping("/accounts/{id}/balance")
  long getAccountBalance(@PathVariable("id") Long accountId){
    （略）
  }

  @PostMapping("/accounts")
  AccountResource createAccount(@RequestBody AccountResource account){
    （略）
```

```
    }

    @PostMapping("/accounts/send/{sourceAccountId}/{targetAccountId}/{amount}")
    void sendMoney(
        @PathVariable("sourceAccountId") Long sourceAccountId,
        @PathVariable("targetAccountId") Long targetAccountId,
        @PathVariable("amount") Long amount) {
       (略)
    }
}
```

このようにすることで、口座に関するリクエストはすべて単一のコントローラで処理されるようになります。ところで、このような設計にした場合、どのような問題が出てくるのでしょうか？

まず、1つのクラスに記述されるコードの量が多くなります。かつて、私は1つのクラスに必要なものがすべて積み込まれた3万行もあるクラスを見たことがありますが[1]、残念なことに、このような設計にしたのにもかかわらず、時間や労力に見合った価値を得ることはできていませんでした。先ほど示したAccountControllerクラスのようなコントローラを作成した場合、アプリケーションの成長と共にコード量が増えることになります。そして、コードが200行を超えるようになってくると、そのコードを理解することは50行ほどのコードを理解することと比べてはるかに難しくなります。これは、仮にメソッドがきれいに分割されている場合であっても同じです。

これと同じことがテストコードにも言えます。もしコントローラ自体のコードが多くなると、それに伴い、テストコードも増えることになります。そうなると、テストコードのほうが何を行なっているのか不明瞭になる傾向があるため、プロダクションコードよりも理解することが難しくなってしまいます。さら

【1】 しかも、この設計は意図的に行なわれたものであり（もちろん、この判断は私ではなく、私が参加する前の担当者たちによって下された判断です）、その目的は、システムを止めることなく、システムの更新を行なえるようにする、つまり、システムを稼働したまま、コンパイルされたJavaのバイトコードである.classファイルを1つ置き換えるだけでシステムを更新できるようにすることにありました。そのため、すべてのコードがこのクラスに含まれるため、3万行ものコードになってしまったのです。

に、本来であれば、テストコードを見ることでプロダクションコードのどの部分が検証されているのかを簡単に理解できるようにしたいのですが、これもテスト対象となるクラスのコード量が多いと難しくなります。

さらにテストコードの量と同じくらい重要な問題に、この設計だと、同じデータ構造の使い回しが頻繁に行なわれるようになることが懸念されます。たとえば、先ほど見たコードでは、AccountResourceクラスを様々なところで使えるようにするため、AccountResourceクラスに対して口座を操作するのに必要な情報をすべて含めるようにし、その中に口座のIDを表現するフィールドも含めていました。しかし、このIDは新たに口座を作成するときには必要のないものです。このような不要なフィールドが存在していると、問題が起きたときに、そのフィールドは混乱を招く原因となります。たとえば、Accountクラスのオブジェクトは User クラスのオブジェクトと 1 対多（one-to-many）の関係を持つようになっていて（つまり、1つのAccountクラスのオブジェクトに複数のUserクラスのオブジェクトが含まれるような設計になっていて）、新たに口座を作成しようとしていることを想像してください（もしくは、残高を更新しようとしていることを想像してください）。この場合、Accountクラスのオブジェクトに User クラスのオブジェクトを含める必要はあるのでしょうか？もしくは、口座の一覧を取得するときに、User クラスのオブジェクトも必要となるのでしょうか？　これらは単純な例でしかないのですが、実際に使われるアプリケーションでこのような設計をしていると、先ほどの疑問に直面することが何度も出てくるようになります。

このような理由で、本書ではコントローラを操作ごとに分割することを推奨しています。場合によっては個別のパッケージに分割することも有効な選択肢となります。そして、その場合、次のコードで示すように、メソッドやクラスの名前をできるかぎりユースケースに近いものにすべきであるとも考えています。

```
package buckpal.adapter.in.web;

（略）
```

```
@RestController
@RequiredArgsConstructor
class SendMoneyController {

  private final SendMoneyUseCase sendMoneyUseCase;

  @PostMapping("/accounts/send/{sourceAccountId}/{targetAccountId}/{amount}")
  void sendMoney(
      @PathVariable("sourceAccountId") Long sourceAccountId,
      @PathVariable("targetAccountId") Long targetAccountId,
      @PathVariable("amount") Long amount) {

    SendMoneyCommand command = new SendMoneyCommand(
        new AccountId(sourceAccountId),
        new AccountId(targetAccountId),
        Money.of(amount));

    sendMoneyUseCase.sendMoney(command);
  }
}
```

コントローラが受け取る入力値の型に今回のようなプリミティブ型を用いることは可能なのですが（ここでは、sendMoneyメソッドの引数にLong型のsourceAccountId、targetAccountId、amountを受け取るようにしています）、各コントローラに対して独自の入力モデルを持たせることも可能です。たとえば、AccountResourceクラスのような汎用的な入力モデルを使うのではなく、CreateAccountResourceクラスやUpdateAccountResourceクラスのような各ユースケースに合わせた入力モデルを使うようにするのです。このような独自のモデルを用意した場合、それらのモデルとなるクラスを当該のモデルを使用するコントローラがあるパッケージに配置し、それらのクラスをパッケージプライベートで宣言すれば、それらのクラスが間違って他の目的で使われてしまうことをある程度は防げるようになります。場合によっては、異なるパッケージにあるコントローラと同じモデルを共有することがあるかもしれませんが、そのことは開発者に別のパッケージにあるクラスを使うことの正当性について考えさせることになります。そして、そのようなことを検討した結果、必要とする情報が共有しようと考えている入力モデルに半分ほどしか含まれていないことがわかり、結局、独自のモデルを用意する、という結論になることも場合によってはあるかもしれません。

さらに、コントローラやサービスの名前についてもしっかりと考えたほうがよいでしょう。たとえば今回見たサンプルのアプリケーションの場合、ユーザーが自身の口座をこのアプリケーションで操作できるようにする唯一の方法はその口座をアプリケーションに登録することだとすると、ユースケースの名前を「CreateAccount（口座を作成する）」よりも「RegisterAccount（口座を登録する）」としたほうがより現実に近い表現になります。そのため、「register（登録する）」という言葉をクラス名に使ったほうが、その意味がより正確にユーザーに伝わるようになります。たしかに、一般的に使われる「Create」、「Update」、「Delete」で始まる名前を使ったとしても十分にユースケースを表現できる場合もあります。しかし、そのような慣習的な名前を（あまり考えずに）使ってしまう前に、誤解を生む表現になっていないのかを確認するように心がけましょう。

このようにコントローラ（Webアダプタ）を細かく分割すると、異なるコントローラを異なる開発者たちで同時に実装することが容易になるというメリットも出てきます。なぜなら、各開発者は自身が担当する処理を実装するのに異なるコントローラを実装すればよいため、同じファイルを複数人で修正することによる競合が起こりにくくなるからです。

6.4 この章がどのように保守のしやすいソフトウェアを構築する際の助けとなるのか?

Webアダプタを作成する際に心に留めておくべきことは、Webアダプタの責務は、HTTPリクエストを受け取ること、そのリクエストをもとにアプリケーション層にあるユースケースのメソッドを呼び出すこと、そして、そのユースケースが返した処理結果をHTTPレスポンスに変換して返すことであり、ビジネスロジックに関しては何も行なわないということです。

一方、アプリケーションの核ではHTTPに関することを何も行なわないようにしなくてはならず、そのためには、HTTPの関心事をアプリケーションの核に絶対に持ち込まないようにしなくてはなりません。そうすれば、仮に現在使用しているWebアダプタを別の種類のアダプタに置き換えることになったとしても、アプリケーションの核にその影響が及ばないようになります。

また、他のコントローラとモデルが共有されないようにコントローラを分割した結果、小さなクラスがたくさんできてしまうことを恐れてはなりません。なぜなら、そのコントローラ（もしくは、ユースケース）が何を扱い、何をするものなのかを容易に理解できるようになるからです。加えて、テストも作成しやすくなり、異なるコントローラを異なる開発者で同時に開発することも可能になります。たしかに、このような細かい粒度のコントローラをいくつも作成することは多くの時間と労力を費やすことになるものの、そのときに費やした時間と労力は保守を行なうときに報われることになります。

この章では、外部からアプリケーションの核を呼び出す受信アダプタの1つであるWebアダプタについて見てきました。次章では、アプリケーションの核から呼び出される外部の送信アダプタについて見ていき、永続化アダプタをどのように実装するのかということを考えていきます。

7

永続化アダプタの実装

第2章では、従来の多層アーキテクチャの問題点について検討しましたが、その際、従来の多層アーキテクチャを採用すると、最終的にすべてのものが永続化層に依存してしまい、データベース中心の設計になってしまうことが問題であることを学びました。そこで、この章では、どのようにして、この依存の向きを逆にし、永続化アダプタをアプリケーション層に差し込む（plugin）ことができるようにするのかについて考えていきます。

7.1 依存関係の逆転

本章では、従来の多層アーキテクチャにおける永続化層ではなく、アプリケーションの核内のサービスに永続化の機能を提供する永続化アダプタについて見ていきます。図7.1は、依存関係逆転の原則（Dependency Inversion Principle）を適用して、アプリケーション層からアダプタ層の永続化アダプタに依存する流れをどのように断ち切るのかを示しています。

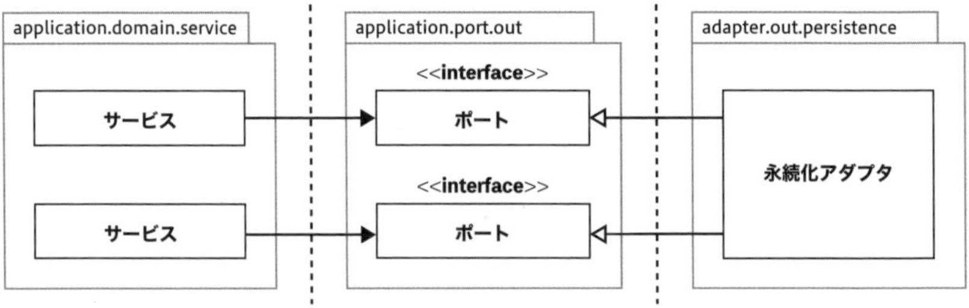

図7.1　アプリケーションの核にあるサービスは送信ポートを呼び出して永続化アダプタの機能を利用する

アプリケーションの核内のサービスは送信ポートを呼び出すことで、永続化に関する機能を利用できるようになっています。このとき呼び出される送信ポートはインターフェイスであり、このインターフェイスの実装クラスが永続化アダプタになります。そして、この永続化アダプタが実際に永続化に関する処理を行ない、データベースを操作する責務を担います。

この永続化アダプタはヘキサゴナルアーキテクチャで言う送信アダプタ（outgoing adapter）もしくは被駆動アダプタ（driven adapter）と呼ばれるものに該当します【訳注1】。なぜなら、永続化アダプタはアプリケーションから呼び出されることはあっても、永続化アダプタからアプリケーションを呼び出すことはないからです。

一方、送信ポートはアプリケーション層と永続化アダプタとのあいだに位置する間接参照（indirection）の層となるものです。ここで思い出してほしいのは、このような間接参照の層が存在することで、どのようにして、永続化に関する関心事から隔離された状態で（つまり、永続化に関するコードに依存することなく）、ドメインに関するコードを変更できるようになるのかということです。同様に、このような分離によって、先ほどとは逆に、永続化に関するコードをリファクタリングしても、アプリケーションの核が影響を受けることもなくなります。

とはいえ、実行時においては、当然、アプリケーションの核から永続化アダプタへの依存は存在することになります。たとえば、もし、永続化アダプタのコードを変更したことで、永続化アダプタにバグが持ち込まれた場合、その永続化アダプタを呼び出しているアプリケーションの核も機能しなくなることは可能性としてあります。ですが、ここで重要なのは、送信ポートの契約が遵守されているかぎり、仮に、永続化アダプタにバグが持ち込まれたとしても、そのことが原因でアプリケーション層のコードを変える必要はないということです。

【訳注1】「出力アダプタ」や「第二アダプタ（secondary adapter）」とも呼ばれます。

7.2　永続化アダプタの責務

それでは、永続化アダプタが一般的にどのような手順で処理を行なうのかを見ていきましょう。

1. 入力モデルを受け取る。
2. 受け取った入力モデルをデータベース【訳注2】に対して操作を行なえるものに変換する。
3. その変換したものを使ってデータベースを操作する。
4. データベースから返ってきた結果をアプリケーションが扱える出力モデルに変換する。
5. その変換した出力モデルを返す。

まず、永続化アダプタは送信ポートを介して入力モデルを受け取ります。この入力モデルにはドメイン層のエンティティをそのまま使うこともできますし、データベースへの処理を呼び出すのに必要な情報を持った専用のクラスを用いることもできます。そのため、この入力モデルに何を使うのかを開発者は送信ポートのインターフェイスで定義しておかなければなりません。

そして、この入力モデルが永続化アダプタで受け取られると、永続化アダプタは受け取った入力モデルをデータベースに対して操作を行なえるものに変換します。Javaでアプリケーションを構築する場合、データベースとのやり取りにJPA（Java Persistence API）が使われることがよくあります。もし、JPAを介してデータベースを操作するのであれば、操作対象のテーブルの構造を反映したJPAのエンティティが必要となるため、入力モデルをJPAのエンティティに変換しなければなりません。残念なことに、この入力モデルをJPAのエンティティに変換する作業は、場合によっては、かなりの時間や労力を必要とするのにもかかわらず、その労力に見合った価値を得られないこともあります

【訳注2】　アプリケーションによっては他の種類のデータストアになることもあります。

(このことに関しては第8章で詳しく見ていきます)。

もちろん、データベースを操作する方法はJPAなどのO/Rマッパーを使う方法だけではなく、他の方法も存在します。たとえば、入力モデルからSQL文を作成し、そのSQL文をデータベースに対して発行することです。あるいは、受け取ったデータをファイルに書き込んで、あとでそのファイルからデータを読み込むケースもあります。

このように、入力モデルは永続化アダプタで変換されますが、このときに重要となるのは、入力モデルはアプリケーションの核に属するものであり、永続化アダプタに属さないということです。そのため、永続化に関するコードが原因で入力モデルに対して変更が加えられることはありません。

こうして、受け取った入力モデルの変換を終えると、永続化アダプタはデータベースを呼び出します。

そして、その結果をデータベースから受け取ると、永続化アダプタはその結果を送信ポートが要求する出力モデルに変換し、その出力モデルをアプリケーションの核に返します。ここで重要なのは、この出力モデルも入力モデルと同様にアプリケーションの核が所有するものであり、永続化アダプタに属さないということです。そのため、依存の向きはアダプタ層からアプリケーション層へと意図した方向になっていることになります。

このように、入力モデルと出力モデルが永続化アダプタに属するものではなく、アプリケーション層に属するものにしたことを除けば、永続化アダプタに課せられる責務は従来の多層アーキテクチャにおける永続化層に課せられる責務と比べて大きな違いはありません。

しかしながら、永続化アダプタをここまで見てきたような方法で実装すると、間違いなく、従来の多層アーキテクチャで永続化層を実装していたときには出てこなかった課題に直面することになります。なぜなら、従来の多層アーキテクチャでの開発であれば、そのような課題について考える必要がなかったからです。

7.3　ポートの分割

サービスを実装する際に抱く疑問の1つは、アプリケーションの核に対してデータベースへの操作を提供する送信ポート（インターフェイス）をどのように分割するのかということです。

よく行なわれる設計は、特定のテーブルを扱うリポジトリを1つだけ用意し、そのリポジトリに対象のテーブルに対するデータベース操作をすべて定義する、というものです（図7.2）。

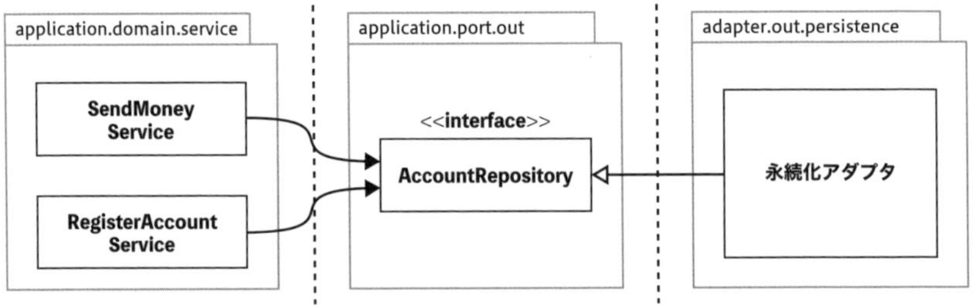

図7.2　1つのテーブルに対するすべての操作を1つの送信ポート（インターフェイス）で扱わせるように定義した場合、その送信ポートを利用するサービスは呼び出す必要のないメソッドに依存することになる

このようにした場合、口座（account）を扱うサービス（SendMoneyServiceとRegisterAccountService）は単一の**肥大化した**送信ポート（AccountRepository）に依存して、データベースの情報を操作することになります。そのため、仮に、各サービスがそのポートに定義されているメソッドを1つだけしか使わなかったとしても、そのサービスはそのポートに定義されているすべてのメソッドに依存することになります。つまり、そのサービスは利用しないメソッドにも依存することになってしまうのです。

このような不要な依存はコードへの理解を妨げるものになるだけではな

く、テストのしやすさも奪うものとなります。たとえば、先ほどの図7.2のRegisterAccountServiceクラスに対する単体テストを作成する場合、AccountRepositoryインターフェイスのどのメソッドが実際に呼び出され、どのメソッドに対してモックを作成しなければならないのかをまずは見つけ出さなくてはならなくなります。しかも、一部のメソッドしかモックにしなかった場合、さらに、別の問題につながることがあります。その問題とは、のちにその単体テストのコードを引き継ぐことになった人たちがその一部のメソッドしか実装されていないモックを完全に実装されたモックと勘違いしてしまい、そのモックをそのまま使って新たなテストを作成するようなことが起こってしまうことです。そうなると、その作成したテストでは意図した検証が行なわれなくなるため、そのテストを作成した開発者は何が問題なのかを見つけ出すために、プロダクションコードやテストコードを（再度）調べなくてはならなくなります。

このことについて、Robert C. Martin氏は次のように述べています[1]。

> 必要としないお荷物を抱えたものに依存していると、予期せぬトラブルの元につながるということだ。

そして、この問題に対する答えがインターフェイス分離の原則（Interface Segregation Principle）なのです。この原則が提唱していることは肥大化したインターフェイスを分割し、クライアント（ここではサービス）が必要とするメソッドだけを提供するインターフェイスを定義すべきであるということです。もし、このインターフェイス分離の原則をサンプルのアプリケーションが持つ送信ポートに適用した場合、図7.3で示すような結果になります。

【1】『Clean Architecture』Robert C. Martin著、Prentice Hall、2017年：p.86。邦訳『Clean Architecture —— 達人に学ぶソフトウェアの構造と設計』角征典・高木正弘 訳、KADOKAWA、2018年：p.101

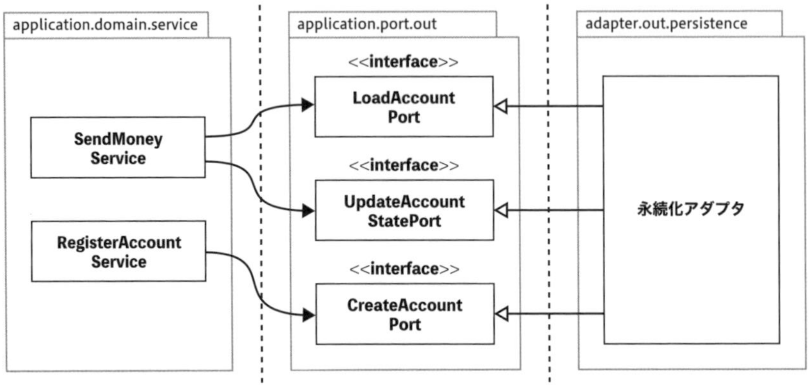

図7.3　インターフェイス分離の原則を適用することで、不必要な依存が取り除かれ、何を必要としているのかがより明確になる

これで、各サービスは実際に必要とするメソッドだけに依存できるようになりました。それに伴い、ポートの名前もそのポートが目的とすることをもっと明確に伝えられる名前に変更しました。さらに、ほとんどのポートが1つのメソッドしか持たなくなったため、テストの際にどのメソッドをモックにするのかを考える必要がなくなりました。

このように、ポートに定義するメソッドを限定すれば、実装に必要なメソッドだけを差し込めるような体験（plug-and-play experience）を提供できるようになります。その結果、サービスを実装する際は、必要なポートを「差し込む（plug in）」ことだけを意識すればよくなり、不要な機能や実装の詳細に意識を向けることなく開発を進められるようになります。

もちろん、「**1つのポートには1つのメソッドしか持たせない**」という指針は状況によっては適用しないほうがよい場合もあります。たとえば、データベースの操作に関しては、操作同士の凝集度が高く、それらの操作を1箇所にまとめるほうがサービスにとって使い勝手が良い場合です。このような場合であれば、1つのインターフェイスの中にそれらの操作を必要なだけ持たせるような設計にするほうがよいでしょう。

7.4　永続化アダプタの分割

ここまで見てきたアーキテクチャの構造に関する図では、永続化アダプタとなるクラスは1つしかなく、そのクラスにすべての送信ポートを実装させていました。もちろん、永続化アダプタは1つのクラスだけで作成しなければならないわけではなく、最終的にすべての送信ポートが実装されるのであれば、永続化アダプタとなるクラスを複数用意しても何も問題はないのです。

たとえば図7.4で示すように、永続化を伴う処理の中で使われる複数のドメインエンティティの1つのグループ（ドメイン駆動設計で言うところの「集約」）に対して1つの永続化アダプタを用意することも選択肢として考えられます。

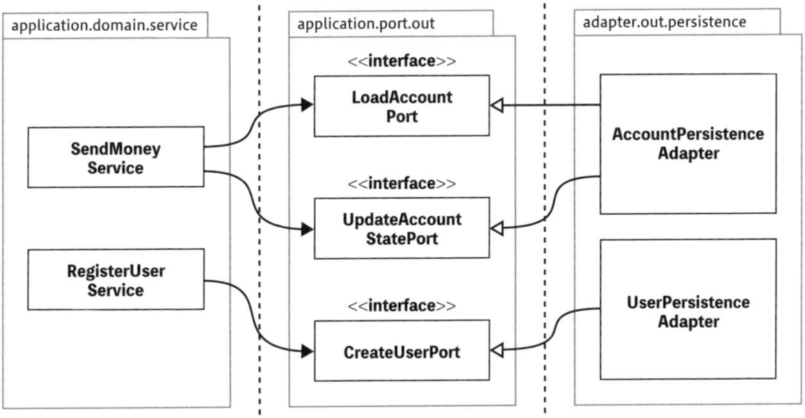

図7.4　集約ごとに1つの永続化アダプタを備えることで、複数の永続化アダプタを持つようにした場合

このようにすると、ドメインの中に存在する境界に沿って永続化アダプタを自然に分割できるようになります。

さらに、永続化アダプタをより多くのクラスに分割すれば、データベースに関する実装をポートに定義されている内容によって変えることができます。たとえば、通常の永続化処理にはJPAなどのO/Rマッパーを用いるようにし、パフォーマンスが求められるような永続化処理には最適化されたSQL文を実行させるようにすることなどです。つまり、送信ポートに求められていることによってO/Rマッパーを用いる永続化アダプタを実装するのか、もしくは、SQL文を実行する永続化アダプタを実装するのかを使い分けられるようになるのです。

ここで思い出してほしいのは、ドメイン層のコードは、送信ポートに定義されている契約が満たされてさえいれば、永続化アダプタが最終的にどのような形で実装されるのかについて関知しないということです。そのため、すべての送信ポートが実装されてさえいれば、永続化アダプタをどのような形で実装しても問題はないのです。

また、**集約**（aggregate）**ごとに永続化アダプタを1つ用意する**というアプローチを用いることで、将来、特定の境界づけられたコンテキスト（bounded context）を分離することになった場合、そのための基盤がすでにできあがっていることになります。たとえば、サンプルのアプリケーション内で、請求（billing）に関するユースケースを責務とするコンテキストがアプリケーションの成長と共に形成されていき、その結果、この請求に関するコンテキストを切り離すことになったとします。この場合、次の図7.5で示すように、永続化アダプタはすでに分離されているため、そのことを簡単に行なえるようになります。

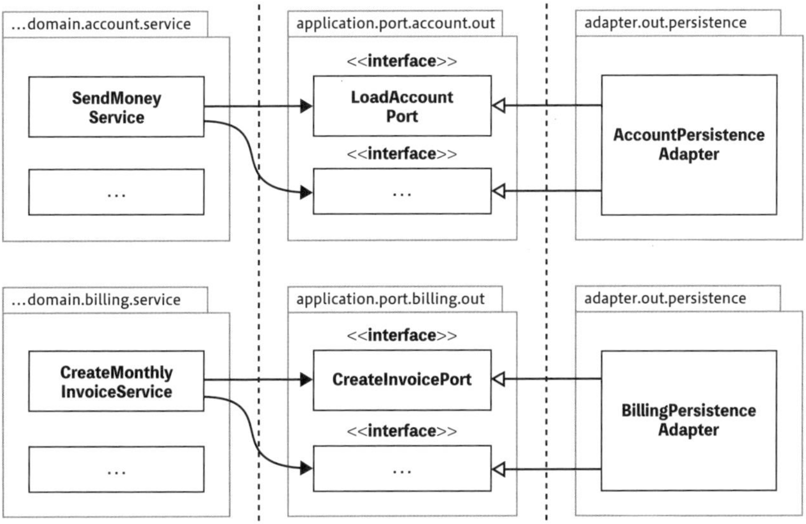

図7.5 境界づけられたコンテキスト同士のあいだに強固な境界を作るのであれば、各コンテキストは異なる永続化アダプタを持つようにすべきである

ここでは、境界づけられたコンテキストごとに永続化アダプタを1つ持たせるようにしています（場合によっては、前述したように、1つのコンテキストに複数の永続化アダプタを持たせることも可能です）。「境界づけられたコンテキスト」という用語は名前のとおりコンテキスト間には境界があることを暗に意味しています。そのため、口座（account）のコンテキストに属するサービスは請求（billing）のコンテキストに属する永続化アダプタにアクセスすべきではなく、その逆もすべきではないことになります。とはいえ、境界づけられたコンテキストが他のコンテキストからの情報を必要とすることはあり、その場合は、呼び出したいコンテキストのドメインサービスを呼び出すか、もしくは、2つのコンテキストが連携して処理を行なうように調整するアプリケーションサービスを導入するようにします（このことについては第13章で詳しく見ていきます）。

7.5 Spring Data JPAを用いたサンプル

それでは、先ほどの図7.5にあるAccountPersistenceAdapterクラスを実際に実装してみましょう。この永続化アダプタは口座（account）に関する情報をデータベースに保存したり、取得したりできなくてはなりません。本書では、すでに、第5章でAccountクラスについて見たのですが、このクラスを再度見てみましょう（ただし、詳細は省略しています）。

```
package buckpal.application.domain.model;

（略）

public class Account {

  private AccountId id;
  private Money baselineBalance; // 基準日が始まる時点の口座残高
  private ActivityWindow activityWindow; // 取引の履歴

  // コンストラクタやGetter
  （略）

  // 口座IDなしのAccountクラスのオブジェクトを生成する
  public static Account withoutId(
      Money baselineBalance,
      ActivityWindow activityWindow) {
    return new Account(null, baselineBalance, activityWindow);
  }

  public static Account withId(
      AccountId accountId,
      Money baselineBalance,
      ActivityWindow activityWindow) {
    return new Account(accountId, baselineBalance, activityWindow);
  }

  // 残高を計算する
  public Money calculateBalance() {
    （略）
  }
```

```
    // 自身の口座から引き出す
    // ※自身の口座から送金先の口座に送金した、という取引を取引履歴に追加する
    public boolean withdraw(Money money, AccountId targetAccountId) {
        (略)
    }

    // 自身の口座に預け入れる
    // ※送金元の口座から自身の口座に送金された、という取引を取引履歴に追加する
    public boolean deposit(Money money, AccountId sourceAccountId) {
        (略)
    }
}
```

MEMO

このAccountクラスはGetter/Setterメソッドを持った単なるデータを保持するだけのクラスにはなっていませんが、可能なかぎり不変になるように設計しています。そのため、このクラスはオブジェクトの生成を生成メソッド経由でしか行なえないようにし、そうすることで、妥当な状態のオブジェクトしか生成されないことを保証しています。一方、状態を変えるメソッドはすべて何らかの妥当性確認を行なうようになっており（たとえば、お金を引き出す前に口座の残高を確認すること）、ドメインモデルが不正な状態にならないようにしています。

今回はSpring Data JPAを用いてデータベースとのやり取りを行なうようにします。そのため、データベースにおける口座の状態を表現するクラスに対して@Entityを付けた次のクラスを用意します【訳注3】。

【訳注3】 このクラスに付いている@DataはSpring Data JPAが提供するアノテーションではなく、Lombokが提供するアノテーションであり、このアノテーションを付けることで、このクラスのtoStringメソッド、equalsメソッド、hashCodeメソッド、そして、すべてのフィールドに対するGetterメソッドとfinal修飾子が付いていないすべてのフィールドに対するSetterメソッド、さらには、初期化が必要なフィールドに対する引数を持ったコンストラクタがコンパイル時に自動生成されるようになります。

```
package buckpal.adapter.out.persistence;

import jakarta.persistence.Entity;
import jakarta.persistence.Table;
import jakarta.persistence.Id;
import jakarta.persistence.GeneratedValue;

import lombok.Data;
（略）

@Entity
@Table(name = "account")
@Data
@AllArgsConstructor
@NoArgsConstructor
class AccountJpaEntity {

  @Id
  @GeneratedValue
  private Long id;
}
```

データベースにおける取引を表現するクラスは次のようになります。

```
package buckpal.adapter.out.persistence;

import jakarta.persistence.Column;
（略）

@Entity
@Table(name = "activity")
@Data
@AllArgsConstructor
@NoArgsConstructor
class ActivityJpaEntity {

  @Id
  @GeneratedValue
  private Long id;

  @Column
  private LocalDateTime timestamp;
```

```
    @Column
    private Long ownerAccountId;
    @Column
    private Long sourceAccountId;
    @Column
    private Long targetAccountId;
    @Column
    private Long amount;
  }
```

現段階では、データベース上の口座を表現するAccountJpaEntityクラスにはIDのみしか定義されていないのですが、開発が進むにつれてユーザーIDなどの他のフィールドが追加されることは十分に考えられます。一方、データベース上の取引を表現するActivityJpaEntityクラスはAccountJpaEntityクラスよりも興味深い作りになっていて、対象の口座に対して行なわれた取引の情報がそこに含まれるようになっています。また、これらのクラスに対してJPAが提供する@ManyToOneや@OneToManyを用いてお互いの関係を定義することもできますが、今回は、データベースへの問い合わせに影響が出るため、そのような実装をしないことにしています。実際のところ、現段階においては、JPAを用いるよりもシンプルなO/Rマッパーを用いるほうが、永続化アダプタを簡単に実装できます。なお本書では、あとでJPAの機能を用いるため、今回は前もってJPAを用いた実装にしています[2]。

次に、リポジトリを作成します。今回はSpring Dataを用いてリポジトリのインターフェイスを定義するため、基本的なCRUD（Create、Read、Update、Delete）操作の実装を開発者が実装クラスを作成しなくても自動で提供されることになります。さらに、基本的なCRUD操作だけではなく、独自の検索も加

【2】 読者の中で、O/Rマッパーを選択する際、特に深く考えることもなくJPA（Java Persistence API）を選択してしまい、開発が進むにつれ、即時読み込み（eager loading）や遅延読み込み（lazy loading）と格闘したり、キャッシュ機能に悩まされたりして、最終的に、もっとシンプルなツールを選択すべきであった、と後悔するような経験をした人はいないでしょうか？ JPAは間違いなく優れたツールなのですが、もっとシンプルなツールを使えば、（当然ながら）もっとシンプルに問題を解決できます。もし、他の選択肢について考えたいのであれば、Spring Data JDBCやjOOQなどを検討してみるのもよいでしょう。

えるのであれば、リポジトリのインターフェイスに任意の検索を行なうためのクエリを定義したメソッドを宣言することで、その検索メソッドの実装もSpring Dataが自動で行なってくれるようになります【訳注4】。

```
package buckpal.adapter.out.persistence;

import org.springframework.data.jpa.repository.JpaRepository;

interface AccountRepository
    extends JpaRepository<AccountJpaEntity, Long> {
}
```

```
package buckpal.adapter.out.persistence;

import org.springframework.data.jpa.repository.JpaRepository;
import org.springframework.data.jpa.repository.Query;
import org.springframework.data.repository.query.Param;
（略）

interface ActivityRepository
    extends JpaRepository<ActivityJpaEntity, Long>
{
  @Query("""
      select a from ActivityJpaEntity a
      where a.ownerAccountId = :ownerAccountId
      and a.timestamp >= :since
      """)
  List<ActivityJpaEntity> findByOwnerSince(
      @Param("ownerAccountId") Long ownerAccountId,
      @Param("since") LocalDateTime since);

  @Query("""
      select sum(a.amount) from ActivityJpaEntity a
      where a.targetAccountId = :accountId
      and a.ownerAccountId = :accountId
      and a.timestamp < :until
      """)
  Optional<Long> getDepositBalanceUntil(
```

【訳注4】　要は、開発者はインターフェイスの定義だけを行ない、実装クラスの作成を行なわないということです。

```
        @Param("accountId") Long accountId,
        @Param("until") LocalDateTime until);

    @Query("""
        select sum(a.amount) from ActivityJpaEntity a
        where a.sourceAccountId = :accountId
        and a.ownerAccountId = :accountId
        and a.timestamp < :until
        """)
    Optional<Long> getWithdrawalBalanceUntil(
        @Param("accountId") Long accountId,
        @Param("until") LocalDateTime until);
}
```

これらのリポジトリはアプリケーションの起動時にSpringによって自動的に検出されたあと、その検出されたリポジトリをもとにデータベースとのやり取りを実際に行なう実装がSpring Dataによって自動で作成されます。

これでJPAを用いたエンティティとSpring Dataを用いたリポジトリの作成が終了したので、次はこれらを用いてアプリケーションに永続化の機能を提供する永続化アダプタを作成していきます。

```
package buckpal.adapter.out.persistence;

（略）

@RequiredArgsConstructor
@Component
class AccountPersistenceAdapter implements
    LoadAccountPort,
    UpdateAccountStatePort {

  private final AccountRepository accountRepository;
  private final ActivityRepository activityRepository;
  private final AccountMapper accountMapper;

  @Override
  public Account loadAccount(
      AccountId accountId,
      LocalDateTime baselineDate) {
```

```
    AccountJpaEntity account =
        accountRepository.findById(accountId.getValue())
            .orElseThrow(EntityNotFoundException::new);

    List<ActivityJpaEntity> activities =
        activityRepository.findByOwnerSince(
            accountId.getValue(),
            baselineDate);

    Long withdrawalBalance =
        activityRepository.getWithdrawalBalanceUntil(
            accountId.getValue(),
            baselineDate)
        .orElse(0L);

    Long depositBalance =
        activityRepository.getDepositBalanceUntil(
            accountId.getValue(),
            baselineDate)
        .orElse(0L);

    return accountMapper.mapToDomainEntity(
        account,
        activities,
        withdrawalBalance,
        depositBalance);
  }

  @Override
  public void updateActivities(Account account) {
    for (Activity activity : account.getActivityWindow().getActivities()) {
      if (activity.getId() == null) {
        activityRepository.save(accountMapper.mapToJpaEntity(activity));
      }
    }
  }
}
```

この永続化アダプタは、アプリケーションの核内にあるサービスが呼び出すLoadAccountPortインターフェイスとUpdateAccountStatePortインターフェイスの2つの送信ポートを実装しています。

まず、LoadAccountPortインターフェイスに関しては口座の情報を取得するためのloadAccountメソッドが宣言されているため、永続化アダプタはこのメソッドを実装しなくてはなりません。そのため、この永続化アダプタでは、このメソッドを実装するために、口座リポジトリ（AccountRepository）を呼び出して、データベースから口座に関する状態（AccountJpaEntity）を取得するようにしています。それから、この口座に対して基準日（baselineDate）以降に行なわれたすべての取引をデータベースから取得するため、取引リポジトリ（ActivityRepository）を呼び出して、取引のエンティティが格納されたリストを取得するようにしています。

さらに、このloadAccountメソッドは戻り値となる口座のドメインエンティティ（Account）を正当な状態で作り出す必要があるため、基準日が始まる時点での口座残高（balance）を算出しなければなりません。そこで、その算出を行なうために、この口座に対して基準日になるまでに発生したすべての引き出し（withdrawal）の合計金額と預け入れ（deposit）の合計金額をデータベースから取得するようにしています。

最後に、それらの情報を使って口座のドメインエンティティ（Account）を構築したら、その構築したドメインエンティティを送信ポートの呼び出し元（サービス）に返すようにしています。

一方、もう1つの送信ポートであるUpdateAccountStatePortインターフェイスに関しては、口座の状態を更新するupdateActivitiesメソッド（正確には、対象の口座に発生した新たな取引をデータベースに保存するメソッド）が宣言されているため、この送信ポートを実装する永続化アダプタはこのメソッドを実装することが強いられることになります。この実装を行なうためには、まず、受け取った口座のドメインエンティティ（Account）が持つすべての取引のドメインエンティティ（Activity）を1つずつ見ていき、取引のIDに値が設定されているのか否かを確認するようにします。このとき、もし、値が設定されていないのであれば、その取引は新たに発生した取引であるため、その取引の情報をデータベースに保存しなければなりません。そのため、その取引のドメインエンティティを永続化エンティティ（ActivityJpaEntity）に変換し、その変換した永続化エンティティを取引リポジトリ（ActivityRepository）に渡すようにしています。

このシナリオでは、ドメインエンティティ（AccountとActivity）と永続化エンティティ（AccountJpaEntityとActivityJpaEntity）とのあいだで双方向の変換を行なうようになっていますが、そうなると、このような双方向の変換を行なうことに価値があるのかという疑問が生じてきます。というのも、単純にJPAのアノテーションをAccountクラスとActivityクラスに付けて、ドメインエンティティをそのまま永続化エンティティとして扱えるようにしても問題がないように思えるからです。

たしかに、場合によっては、そのような変換を行なわない戦略を取るほうが合理的な場合もあります（このことについては第9章で見ていきます）。しかし、その選択をした場合、ドメインモデルはJPAに侵食されることになってしまいます。そうなると、たとえば、JPAは引数なしのコンストラクタを必要とするため、エンティティに対して引数なしのコンストラクタを実装させなくてはならなくなります。他にも、永続化層の観点においては、多対1（@ManyToOne）の関係を持つほうが優れたパフォーマンスを発揮できても、ドメイン層の観点においては逆の関係のほうが好ましい、というような衝突も起こるようになります。

そのため、採用している永続化の仕組みに侵食されることなく濃いドメインモデルを確立したいのであれば、ドメインエンティティと永続化エンティティとのあいだで双方向の変換を行なわなければなりません。

7.6　データベーストランザクション

これまで本書では、データベースのトランザクションについては触れてきませんでした。データベーストランザクションを用いて制御しなければならない場合、どこでトランザクションの境界を定めるのがよいのでしょうか？

対象となるユースケース内で実施されるデータベースへのすべての書き込

みは1つのデータベーストランザクション上で実施されるようにしなくてはなりません。なぜなら、そうすることで、仮に、何らかの問題が一連の処理を行なっている最中に起こったとしても、データベーストランザクションをロールバックすることで、すべての書き込みを元の状態に戻せるからです。

また、永続化アダプタからは扱っているデータベースの操作が同じユースケース内で行なわれていることなのか否かを知ることはできないため、データベーストランザクションをいつ開始して、いつ終了するのかを永続化アダプタが判断することはできません。そのため、この責務を、永続化アダプタの呼び出しを調整するサービスに委譲しなければなりません。

JavaとSpringを用いてこのことを行なうのであれば、送信ポートを呼び出しているサービスのクラスに@Transactionalを付けるのが一番簡単な方法になります【訳注5】。そうすることで、Springはそのサービスに定義されているpublicなメソッドの中で実施されるすべてのデータベースへの更新を1つのデータベーストランザクション上で実施してくれるようになります。

```
package buckpal.application.domain.service;

import jakarta.transaction.Transactional;
（略）

@Transactional
public class SendMoneyService implements SendMoneyUseCase {
    （略）
}
```

しかし、アプリケーションの核内の貴重なコードに対してSpring特有のアノテーションを付けると貴重なアプリケーションの核内にフレームワークへの依存を持ち込むことになってしまいます。とはいえ、この依存を持ち込めば、データベースのトランザクション管理が簡単に行なえるようになります。ここ

【訳注5】 ここでは、トランザクション管理をドメインサービスで行なうようにしていますが、ドメイン駆動設計に厳密に従うのであれば、トランザクション管理はアプリケーションの関心事であるため、この管理はアプリケーションサービスで行なうことになります。

で考えてほしいのは、アプリケーションの核を「純粋（pure）」にするためだけに、データベーストランザクションの仕組みを自分たち自身で作り上げることがそのために必要となるコスト以上の価値を生み出すのかということです。

7.7 この章がどのように保守のしやすいソフトウェアを構築する際の助けとなるのか?

このようにポートを基点に置き換え可能な永続化アダプタを作成すれば、アプリケーションの核を永続化に関する関心事から解放できるようになります。そして、このことは深いドメインモデルを構築することにつながります。

また、ポートが扱う処理の範囲を狭めることで、そのポートへの実装に柔軟性を持たせられるようになります。たとえば、ポートごとに異なる永続化の技術を用いて実装するようなことがアプリケーションの核に影響を与えることなく行なえるようになります。加えて、ポートとの契約を遵守さえしていれば、永続化に関するコードをまったく別の永続化に関するコードに置き換えることさえも可能になります[3]。

これで、ドメインモデルと2つのアダプタ（Webアダプタと永続化アダプタ）の構築が終わりました。そこで、次章からは、それらのものが意図どおりに機能することを検証するため、どのようなテストを行なうのかについて見ていきます。

【3】 私は永続化に関するコードを置き換えることを何度か経験したことがありますが、通常、そのような状況になることはほとんどないと言ってもいいでしょう。永続化に関するコードを置き換えることがほとんどないとしても、送信ポートを用意することに価値はあります。なぜなら、そうすることでテストが行ないやすくなるからです。たとえば、テストの際は、永続化アダプタをメモリ内データベースに接続させるようなことが簡単にできます。

8

アーキテクチャの構成要素に対するテスト

多くのプロジェクト（特に、歴史が長く、開発者の入れ替わりが激しいプロジェクト）において、自動化されたテストはミステリー小説のようなものです。なぜなら、そのようなプロジェクトでは、テストを作成することがプロジェクトのルールとして定められているため、開発者の誰もが適切だと思えるテストを作るものの、その開発者の誰もが、どのような戦略を持ってテストを作っているのかという質問に答えられないからです。

そこで本章では、ヘキサゴナルアーキテクチャにおけるテスト戦略について見ていき、このアーキテクチャを構成する各要素にとってどのような種類のテストが適しているのかについて考えていきます。

8.1　テストピラミッド

それでは、次の図8.1で示すテストピラミッド[1]に沿ってテストについて考えていきましょう。このテストピラミッドとは、アプリケーションを構築するのに、どの種類のテストをどのくらい備えることを目標とするのかという目安を視覚的に表現したものです。

【1】「テストピラミッド」という用語が出てきたのはMike Cohn氏の著書『Succeeding with Agile』（Addison-Wesley、2009年）にまで遡ることができます。

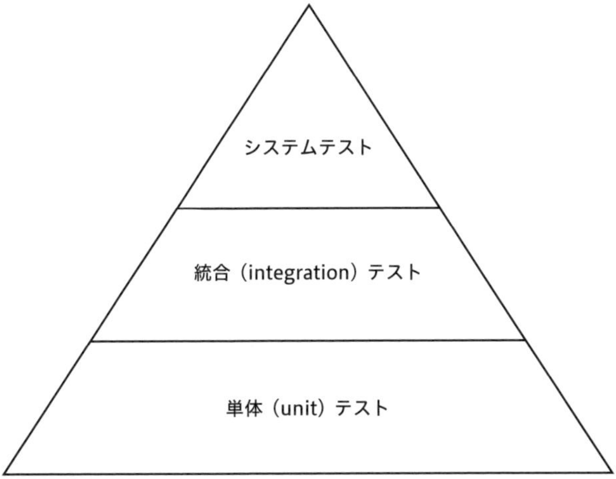

図8.1 テストピラミッドでは、コストが低いテストを多くし、コストが高いテストを少なくすべきだと考えている

このテストピラミッドの基本的な考えは、作成するのに負担が少なく、簡単に保守ができ、速やかに実行できる安定した粒度の細かいテストを多く用いてアプリケーションを検証する、というものです。そして、このような規模の小さいテストのことを**単体テスト**と呼び、1つの単体（通常はクラス[訳注1]）が想定どおりに機能するのかを検証します。

テストが複数の単体を扱う必要が出てきたり、単体の境界やアーキテクチャの境界、さらにはシステムの境界を越えたやり取りを行なう必要が出てきたりすると、テストを作成するのにコストがかさむようになり、テストの実行時間が長くなったり、テストが壊れやすくなったりするようになります（しかも、機能自体は正しく振る舞っているのにもかかわらず、設定などの間違いが原因でテストが失敗するようになってしまいます）。そして、このようなコストのかかるテストを多く備えてしまうと、新しい機能を実装するのに必要な時間が奪わ

【訳注1】 何が「単体（unit）」なのか、という解釈には「クラス」ではなく「振る舞い」という考え方もあります。参照 Vladimir Khorikov著、『単体テストの考え方/使い方』（マイナビ出版、2022年。原題『Unit Testing Principles, Practices, and Patterns』）

れてしまうことになります。そのためテストピラミッドでは、このようなコストの高いテストはより少なくすべきである、という結論に至っています。

通常、テストピラミッドは3つの異なる層で構成されています（ただし、このことはアーキテクチャの種類によって変わることはあります）。それでは、本書が扱うヘキサゴナルアーキテクチャをどのようにテストするのかについて先ほどの図8.1のテストピラミッドの層に沿って見ていきましょう。

MEMO

「単体テスト」、「統合テスト」、「システムテスト」という用語の定義はプロジェクトによって異なります。そのため、自身のプロジェクトで使用しているテストの名前が別のプロジェクトだと違う種類のテストを指すようなことはよくあります。

この章で見ていくテストの種類と定義は以下のようになります。

- **単体テスト（unit test）**：単体テストとは、テストピラミッドの一番下に位置するテストであり、通常、テスト対象となるのは単一のクラスのみで、そのクラスのメソッドやフィールドを呼び出し、そのクラスが正しく機能するかを検証する。もし、テスト対象のクラスがその振る舞いに影響を与える依存のオブジェクトを必要とする場合、その依存をモックに置き換えて、そのモックにテストで必要となる依存の振る舞いを模倣させることも可能である。
- **統合テスト（integration test）**：統合テストとは、単体テストの1つ上の層に位置するテスト（テストピラミッドの真ん中に位置するテスト）であり、関係のある複数の単体をつなぎ合わせた1つのグループを構成し、そのグループの入り口となるクラスを呼び出してテスト対象の処理を実行させることで、そのグループが意図したように機能するかを検証する。本書の解釈では、統合テストは2つの層のあいだにある境界をまたいで検証を行なうことを指す。ただし、そのグループを構成するのに必要なクラスがすべて完成している必要はなく、一部のクラスをモックに置き換えて検証することも許される。

- **システムテスト（system test）**：システムテストとは、テストピラミッドの一番上に位置するテストであり、完全なアプリケーションを構築し、テスト対象のユースケースがアプリケーションのすべての層を経由して意図したように機能するかを検証する。

場合によっては、このシステムテストの上に、アプリケーションのUIも含めて検証するE2Eテスト（End-to-End test）の層を設けることもありますが、本書では、バックエンドのアーキテクチャのみを対象としているため、E2Eテストについては触れません。

MEMO

テストピラミッドやその他のテストに関する指針は「銀の弾丸」ではありません。このような指針に従うことは優れた結果を通常はもたらしてくれますが、もし、統合テストやシステムテストを行なうのにそれほど負担がかからないのであれば、それらの種類のテストを増やすようにすべきです。なぜなら、そのような場合の統合テストやシステムテストは実装の詳細への変更に対してより優れた耐性を持っているからです。そして、そのようにした場合、テストピラミッドは台形に近い形になり、場合によっては、逆になることもあります。

これで、本書が扱うテストの種類の定義が明確になったので、次の8.2節からはヘキサゴナルアーキテクチャのどの構成要素にどの種類のテストを用いるのが最善なのかを考えていきましょう。

8.2　ドメインエンティティの検証：単体テスト

まずは、ヘキサゴナルアーキテクチャの中心にあるドメインエンティティのテストについて考えてみましょう。そこで、思い出してほしいのが第5章で扱った口座のドメインエンティティ（Account）です。このドメインエンティティは状態に基準日が開始した時点の口座残高（baselineBalance）と基準日以降に発生した取引履歴（activityWindow）を持つようになっていました。

それでは、今回は、Accountクラスのwithdrawメソッドが意図したように機能するのかを検証していきましょう。

```
package buckpal.application.domain;

import org.junit.jupiter.api.Test;

import static org.assertj.core.api.Assertions.assertThat;
（略）

class AccountTest {

  // 引き出しが成功する場合
  @Test
  void withdrawalSucceeds() {
    // Given（前提）
    AccountId accountId = new AccountId(1L);
    Account account = defaultAccount()
        .withAccountId(accountId)
        .withBaselineBalance(Money.of(555L))
        .withActivityWindow(new ActivityWindow(
            defaultActivity()
                .withTargetAccount(accountId)
                .withMoney(Money.of(999L))
                .build(),
            defaultActivity()
                .withTargetAccount(accountId)
                .withMoney(Money.of(1L))
                .build()))
        .build();
```

```
        // When（実行）
        AccountId randomTargetAccount = new AccountId(99L);
        boolean success = account.withdraw(Money.of(555L), randomTargetAccount);

        // Then（結果）
        assertThat(success).isTrue();
        assertThat(account.getActivityWindow().getActivities()).hasSize(3);
        assertThat(account.calculateBalance()).isEqualTo(Money.of(1000L));
    }

    // ヘルパーメソッドなど
    （略）
}
```

このテストは一般的な単体テストです。ここでは、まず、Accountクラスのオブジェクトを生成しますが、その際に、そのオブジェクトがテストの前提となる状態を持つようにします。そして、テスト対象であるwithdrawメソッドを呼び出したあと、withdrawメソッドが問題なく実行できたことを検証するため戻り値（success）を確認します。以後、withdrawメソッドを呼び出したことで発生した副作用を検証するためテスト対象のオブジェクト（Account）の新しくなった状態を確認します。

このテストは比較的簡単に前提条件の状態を作ることができ、何を検証するものなのかも理解しやすくなっていることに加え、テストもすぐに終わるようになっています。つまり、この単体テストは十分なシンプルさを保っていることになります。このように、このテストは十分に簡潔なコードになっているため、このテストをさらに簡潔にすることはできません。そして、ドメインエンティティ内の業務ルールを検証するのであれば、このような単体テストが最適のテストとなります。しかも、ドメインエンティティの振る舞いは他のクラスに依存することがほとんどないため、ドメインエンティティに対して他の種類のテストを行なう必要はありません。

8.3 ユースケースの検証：単体テスト

次は、先ほど検証したドメインエンティティを操作するユースケースに目を向け、そのユースケースを実装するサービスに対するテストについて考えてみましょう。今回は第5章で説明したSendMoneyServiceクラスをテストしていきます。このSendMoneyServiceクラスは「送金する」というユースケースを実装しており、送金元口座（source account）から送金額を引き出し、送金先口座（target account）にその引き出した送金額を預け入れるようになっています。それでは、このユースケースが問題なく実行される場合、すべてが意図したように機能しているのかを検証していきましょう。

```
package buckpal.application.domain.service;

import static org.mockito.BDDMockito.given;
import static org.mockito.BDDMockito.then;
import static org.mockito.BDDMockito.eq;
（略）

class SendMoneyServiceTest {

  // このテストクラスで使うフィールドの宣言など
  （略）

  // 送金が成功する場合
  @Test
  void transactionSucceeds() {
    // Given（前提）
    Account sourceAccount = givenSourceAccount(); // 送金元口座のモック
    Account targetAccount = givenTargetAccount(); // 送金先口座のモック

    givenWithdrawalWillSucceed(sourceAccount); // 引き出しが成功する設定にする
    givenDepositWillSucceed(targetAccount); // 預け入れが成功する設定にする

    Money money = Money.of(500L);

    SendMoneyCommand command = new SendMoneyCommand(
        sourceAccount.getId(),
```

```
            targetAccount.getId(),
            money);

        // When (実行)
        boolean success = sendMoneyService.sendMoney(command);

        // Then (結果)
        assertThat(success).isTrue();

        AccountId sourceAccountId = sourceAccount.getId();
        AccountId targetAccountId = targetAccount.getId();

        then(sourceAccount).should().withdraw(eq(money), eq(targetAccountId));
        then(targetAccount).should().deposit(eq(money), eq(sourceAccountId));

        thenAccountsHaveBeenUpdated(sourceAccountId, targetAccountId);
    }

    // ヘルパーメソッドなど
    (略)
}
```

このテストでは、読みやすさを少し向上させるため、振る舞い駆動開発（Behavior-Driven Development）でよく用いられる**Given-When-Then**（前提－実行－結果）の構造を持ち込んでいます。

まず、テストの前提条件を作成する「Given（前提）」の部分では、送金元口座と送金先口座を表わすAccountクラスのオブジェクトを「given」で始まるメソッドを呼び出してそれぞれ生成し、それらのオブジェクトの状態がテストの前提条件を満たすようにしています。さらに、テスト対象のユースケースに対して入力モデルとなるSendMoneyCommandクラスのオブジェクトも生成しています。こうして、そのテストをするための準備を終えたら、テスト対象の処理を実行する「When（実行）」の部分でSendMoneyServiceクラスのsendMoneyメソッドを呼び出し、テスト対象のユースケースを実行させます。そして、最後に、実行結果の確認を行なう「Then（結果）」の部分で送金が成功したことを確認し、送金元口座のオブジェクトと送金先口座のオブジェクトの両方に対して想定していたメソッドが呼び出されたことを確認しています。

ただし、ここで注意してほしいのは、このコードでは明示していないのですが、実は、「given」で始まるメソッドで生成しているのは、Mockito[2]と呼ばれるライブラリを用いて生成したモックであるということです。そのため、「Then（結果）」の部分では、Mockitoのthenメソッドを用いて、モックに対して想定どおりのメソッドが呼ばれたのか否かを検証しています。

MEMO

モックを使いすぎると、間違った安心感を持ってしまう危険性があります。どういうことか言えば、場合によっては、モックが実際のクラスの振る舞いとは異なる振る舞いをしてしまい、テストは成功しているのにもかかわらず、本番環境ではエラーが発生するようなことが起こってしまいます。そのため、もしモックを使わなくても、あまり労力をかけずに実際のクラスを使ってテストを行なえるのであれば、実際のクラスを使うことを選択すべきです。たとえば、今回のテストであれば、モックではなく実際のAccountクラスを使っても問題はなかったかもしれません。なぜなら、Accountクラスはドメインモデルのクラスであるため、他のクラスへの複雑な依存を持っていないからです[訳注2]。

一方、テスト対象であるユースケースを実装したサービスは状態を持たないため、「Then（結果）」の部分で状態を確認することはできません。その代わり、このテストでは、このサービスの依存（ここではモックとなっている）に対して想定していたメソッドが呼び出されたことを確認しています。このような検証をしていると、テスト対象のコードの「振る舞い」が変わったときだけではなく、「構造」が変わったときも、テストが失敗するようになってしまいます。そのためリファクタリングなどでテスト対象のコードが変更された場合、テストコードも修正しなければならないことになります。

【2】 Mockito framework site　https://site.mockito.org/

【訳注2】 どのような場合にモックを使うべきかを扱った書籍にVladimir Khorikov氏が執筆した『単体テストの考え方／使い方』（マイナビ出版、2022年。原題『Unit Testing Principles, Practices, and Patterns』）があるので、もし興味がある場合は、一読することをお勧めします。

このことをしっかりと心に留め、テストの際にどのやり取りを検証するのかを熟考しなくてはなりません。もしかしたら、今回のテストのように、すべてのコミュニケーションを検証するのではなく、特に重要なやり取りだけに目を向けたほうが良い結果をもたらすことがあるかもしれません。なぜなら、すべてのやり取りを検証の対象にしてしまうと、テスト対象の範囲内にあるクラスに変更があるたびにテストも修正しなければならなくなり、結果として、テストの価値を下げてしまうことになるからです。

このように、ユースケースのテストは単体テストに属するものであるのにもかかわらず、その本質は統合テストにかなり近いものになります。なぜなら、ユースケースに対するテストでは、依存とのやり取りが検証対象になるからです。しかしながら、これらのことを完全な統合テストで検証するよりも、単体テストとして検証するほうが、実際の依存を準備せずにモックで代用できるため、テストの作成と保守が行ないやすくなります【訳注3】。

8.4 Webアダプタの検証：統合テスト

次は、アプリケーション層の1つ外の層にあたるアダプタ層に目を向け、まずは、受信アダプタの1つであるWebアダプタのテストについて考えてみましょう。

第6章で見たように、WebアダプタはHTTP経由で入力値（たとえば、JSONの文字列）を受け取ると、その入力値に対して何らかの妥当性確認を行ない、それから、その入力値を目的のユースケースで使える入力モデルに変換して、その変換した入力モデルをユースケースに渡すようになっています。そして、そのユースケースでの処理が終わり、その処理結果がWebアダプタ

【訳注3】 本書のテストとは若干異なる考え方を示している書籍にVladimir Khorikov氏が執筆した『単体テストの考え方/使い方』（マイナビ出版、2022年。原題『Unit Testing Principles, Practices, and Patterns』）があります。一度、読んでみることをお勧めします。

に返ってくると、Webアダプタはその処理結果をJSONの文字列に再度変換し、その変換し直したJSONの文字列をHTTPレスポンスに含めてクライアントに返すようになっています。

Webアダプタに対するテストでは、これらのことがすべて想定どおりに実施されることを確認します。

```
package buckpal.adapter.in.web;

import org.springframework.beans.factory.annotation.Autowired;

import org.springframework.boot.test.autoconfigure.web.servlet.WebMvcTest;
import org.springframework.test.web.servlet.MockMvc;
import org.springframework.boot.test.mock.mockito.MockBean;

import static org.springframework.test.web.servlet.request.MockMvcRequest➡
Builders.post;
import static org.springframework.test.web.servlet.result.MockMvcResultMa➡
tchers.status;
（略）

@WebMvcTest(controllers = SendMoneyController.class)
class SendMoneyControllerTest {

  @Autowired
  private MockMvc mockMvc;
  @MockBean
  private SendMoneyUseCase sendMoneyUseCase;

  private static final String ENDPOINT =
      "/accounts/send/{sourceAccountId}/{targetAccountId}/{amount}";

  // 送金時のWebアダプタに対するテスト
  @Test
  void testSendMoney() throws Exception {
    mockMvc
        .perform( // 目的のエンドポイントへのリクエストの送信
            post(ENDPOINT, 41L, 42L, 500)
                .header("Content-Type", "application/json"))
        .andExpect(status().isOk()); // 成功したことの確認

    // 目的のユースケースが想定していたメソッドを呼び出していることを確認する
    then(sendMoneyUseCase).should()
```

```
            .sendMoney(eq(new SendMoneyCommand(
                new AccountId(41L),
                new AccountId(42L),
                Money.of(500L))));
    }
  }
```

このテストはコントローラに対する典型的な統合テストであり、テスト対象はSpring Bootを用いて作成したSendMoneyControllerクラスになります。そして、送金時のテストを行なうtestSendMoneyメソッドでは、Springが提供するMockMVC（Springアプリケーションの HTTP経由でのやり取りを模倣する機能）を用いて、HTTPリクエストが目的のエンドポイントに送られたことを模倣し、一連の送金に関する処理を実施させます。

そして、リクエストが送信されたという想定のもと、HTTPステータスのコードが「200（OK）」になっていることを確認し、モック化したユースケースが想定した内容で呼び出されていることも確認します。

このように、このテストでは、Webアダプタに課せられた責務のほとんどを検証しています。

ただし、ここで注意しなければならないのは、このテストはHTTP経由でのやり取りをモックを用いて模倣しているだけにすぎず、実際のHTTPプロトコル上でテストしているわけではないということです。つまり、Springに対する信頼のもと、ここでは、本来であればHTTPプロトコル上で発生する変換をSpringがすべて適切に行なっていると信頼してテストを行なっていることになります。そのため、フレームワーク自体のテストをアプリケーションの開発者が行なうことはないのです。

このテストが実施されると、HTTPリクエストから受け取ったJSONをユースケースの入力モデル（SendMoneyCommand）に変換する処理も実行されます。もしこのクラスを、第5章で見たように、生成時に妥当性確認を自身で行なう入力モデルとして設計しているのであれば、受け取った入力モデルはユースケースにとって構文的に妥当であることが確認されることになります。さらにこのテストでは、ユースケースが実際に呼び出されているのか、返ってくる

HTTPステータスは想定どおりのものなのかも検証しています。

それでは、どうしてこのテストは単体テストではなく統合テストになるのでしょうか？ というのも、このテストでは、1つのコントローラのクラスだけしか検証していないように思えるからです。実は、このコードの裏では、様々なことが行なわれています。まず目を向けてほしいのは、先ほどのテストクラスに@WebMvcTestが付けられていることです。このアノテーションを付けることで、Spring MVCは自身を機能させるのに必要な処理、たとえばリクエストを受け取った際の処理、JSONとJavaオブジェクトとの双方向の変換、HTTP経由で受け取った入力情報の妥当性確認などを開発者が自身の手でコンポーネントを用意しなくても実施できるようになります。そのため、このテストでは一連の処理の流れの中で目的のコントローラが想定どおりに機能しているのかを検証することになります。

そもそもコントローラはSpring MVCにかなり強く結び付いているため、コントローラだけを抽出してテストするよりもフレームワークの中に含めてテストするほうが合理的です。もし、コントローラを純粋な単体テストとして検証するのであれば、HTTPプロトコルに関する処理（つまりは、Spring MVCが行なっている処理）をすべて開発者自身が提供しなくてはならなくなります。そのようなことをしても、テスト対象のコントローラは結局のところSpring MVCにおける仕組みの一部にすぎないため、プロダクトとして実際に機能することへの自信を持てるようにはならないのです。

8.5 永続化アダプタの検証：統合テスト

ここからは、送信アダプタの1つである永続化アダプタのテストを見ていきますが、この永続化アダプタのテストもWebアダプタのテストと同様、検証したいことが永続化アダプタ自体のロジックだけではありません。そのため、単体テストではなく、データベースとの連携を含めた統合テストを行なうようにします。

それでは、第7章で見た永続化アダプタをどのようにテストするのかについて考えてみましょう。この永続化アダプタのテストには、次のコードで示すように、データベースから口座（account）の情報を取得するloadsAccountメソッドと新たに発生した取引（activity）の情報をデータベースに保存するupdatesActivitiesメソッドの2つのテストメソッドが定義されています。

```
package buckpal.adapter.out.persistence;

import org.springframework.boot.test.autoconfigure.orm.jpa.DataJpaTest;
import org.springframework.context.annotation.Import;
import org.springframework.test.context.jdbc.Sql;
（略）

@DataJpaTest
@Import({AccountPersistenceAdapter.class, AccountMapper.class})
class AccountPersistenceAdapterTest {

  @Autowired
  private AccountPersistenceAdapter adapter;
  @Autowired
  private ActivityRepository activityRepository;

  // 口座情報の取得に関するテスト
  @Test
  @Sql("AccountPersistenceAdapterTest.sql")
  void loadsAccount() {
    Account account = adapter.loadAccount(
        new AccountId(1L),
        LocalDateTime.of(2018, 8, 10, 0, 0));

    assertThat(account.getActivityWindow().getActivities()).hasSize(2);
    assertThat(account.calculateBalance()).isEqualTo(Money.of(500));
  }

  // 取引情報の保存に関するテスト
  @Test
  void updatesActivities() {
    Account account = defaultAccount()
        .withBaselineBalance(Money.of(555L))
        .withActivityWindow(
            new ActivityWindow(defaultActivity()
                .withId(null)
```

```
                .withMoney(Money.of(1L))
                .build()))
            .build();

        adapter.updateActivities(account);

        assertThat(activityRepository.count()).isEqualTo(1);

        ActivityJpaEntity savedActivity = activityRepository.findAll().get(0);

        assertThat(savedActivity.getAmount()).isEqualTo(1L);
    }
}
```

まず、目を向けてほしいのは、このテストクラスの宣言部分に付けられた@DataJpaTestです。このアノテーションを付けることでSpring Data JPAを機能させるのに必要なコンポーネント（その中には、データベースにアクセスするためのSpring Dataのリポジトリも含まれる）が自動で提供されます。そのため、開発者はそれらのコンポーネントを用意しなくても済むことになります。さらに、テストクラスに対して@Importも付けることで、デフォルトでは提供されないコンポーネントであっても、このアノテーションの引数に必要なクラスを指定しておけば、その指定したクラスのオブジェクトがSpringによって用意されることになります。今回、このアノテーションの引数には、テスト対象となる永続化アダプタ、および、ドメインエンティティと永続化エンティティとの変換を行なうクラスが指定されています。

それでは、最初のテストメソッドであるloadsAccountメソッドを見ていきましょう。このテストメソッドには@SQLが付けられているため、そこに指定したSQLスクリプト（AccountPersistenceAdapterTest.sql）がテスト開始時に実行されます。そのため、検証が始まる前にデータベースの状態はテストの前提条件を満たすようになります。そして、その状態のもと、このテストメソッドの内部に定義した検証が実行されます。今回、この検証で行なっていることは、永続化アダプタから口座情報を取得し、この口座情報がテスト開始時に登録したデータベースの状態と一致しているのか否かを確認することになります。

一方、次のテストメソッドであるupdatesActivitiesメソッドでは、書き出し処理に対する検証を行ないます。そのためこのテストでは、まず新しい取引（activity）の情報を持ったAccountクラスのオブジェクトを構築し、その構築したAccountクラスのオブジェクトを永続化アダプタに渡して、その取引の情報をデータベースに保存させています。そして、その保存の処理が終わると、リポジトリ（ActivityRepository）を用いて取引の情報がデータベースに保存されたことを確認しています。

これらのテストに関して特に目を向けるべきポイントは、データベースをモックに置き換えていないことです。そのため、これらのテストはデータベースに実際にアクセスして検証を行なうことになります。たしかに、データベースをモックに置き換えたとしても、これらのテストは本物のデータベースを使用した場合と同じコードを検証し、同じくらいの網羅性（coverage）を得られます。しかし、どれほどテストの網羅性が高かったとしても、データベースをモックに置き換えたのであれば、本物のデータベースを使用したテストと比べて問題を見逃す可能性は高くなってしまいます。なぜなら、モックだと、本物のデータベースを使用したときにしか発生しないようなエラー、たとえば、SQL文の間違いや異なる層でやり取りする際の変換（ドメインエンティティと永続化エンティティとの変換）における想定していない失敗などを検出できなくなるからです。

Springを利用する場合に注意しなければならないのは、デフォルトでは、テストの際にメモリ内データベース（in-memory database）が使われるという点です。たしかに、このおかげで開発者はテストの際にデータベースを用意しなくても、すぐに永続化層に関するテストを行なえるため、実用的なように思えます。ですが、このようなメモリ内データベースが実際のプロダクトに使われることは滅多にないため、仮にメモリ内データベースに対して行なったテストがすべて成功したとしても、使用するデータベースを本番環境で使用するデータベースに変えたときに何らかの問題が発生する可能性は非常に高くなります。なぜなら、データベースはベンダーによるSQLの独自拡張が行なわれているため、同じSQL文であっても、すべてのデータベースで同じ結果になるわけではないからです。

そのため、永続化アダプタのテストでは、本物のデータベースを用いて検証を行ないます。また、このようなテストをする際にTestcontainers[3]などのライブラリを用いると、テストの際にデータベースが備わったDockerコンテナを必要に応じて起動できるようになるので、永続化アダプタのテストが行ないやすくなります。

他にも、本物のデータベースを用いてテストすることのメリットとして、データベースの違いについて意識する必要がなくなるということがあります。たとえば、もし、テストの際に、本物のデータベースではなくメモリ内データベースを使うことにした場合、データベースごとに異なる設定が求められ、場合によっては、データベースごとに異なるSQLスクリプトを用意することが強いられる可能性があります。そして、このようなことをすることは不要な手間であり、本来であればソフトウェア開発に使われるべきリソースを無駄にしていることになります。

8.6　主要なシナリオの検証：システムテスト

本書では、システムテストをテストピラミッドの一番上に位置づけています。システムテストを行なう場合、まずはアプリケーションを立ち上げ、次に、そのアプリケーションのAPIに対してリクエストを送信し、そのあとにすべての層が想定どおりに機能したのかを検証します。

ヘキサゴナルアーキテクチャを導入するときに重要なのは、アプリケーションとその外部の世界との境界を適切に定義することです。そうすることで、アプリケーションの境界が設計によって非常にテストしやすいものになります。たとえば、ローカルでアプリケーションをテストするのであれば、アダプタをモックに置き換えてテストすることが考えられます（図8.2）。

【3】 https://www.testcontainers.org/

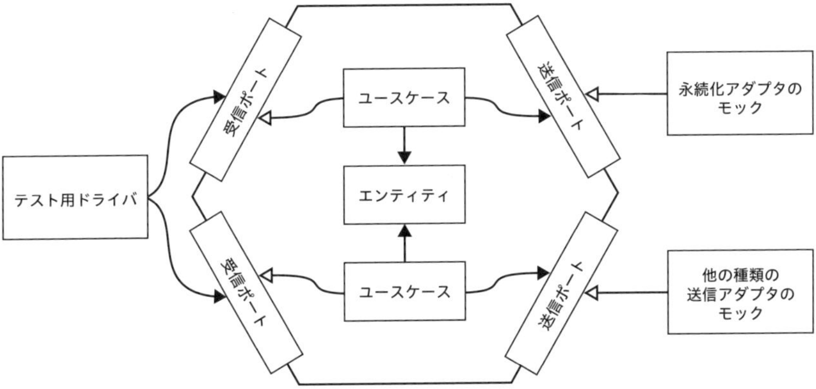

図8.2 アダプタをモックに置き換えることで、外部の世界に本当に依存しなくてもアプリケーションを実行できるようになり、テストも行なえるようになる

図8.2の左側では、受信アダプタをテスト用ドライバに置き換えてから、そのテスト用ドライバにアプリケーション層の受信ポートを呼び出させ、アプリケーションの核にテスト対象の処理を行なわせています。このとき、このテスト用ドライバにユーザーの振る舞いを模倣させ、テストのシナリオを実行させることで、テストを自動で行なえるようにしています。

一方、図8.2の右側では、送信アダプタをモックに置き換えることで、本来のアダプタの振る舞いをモックに模倣させ、事前に設定しておいた結果が返るようにしています[4]。

こうすることで、受信ポートからサービスやエンティティを経由して送信ポートに至るまで、アプリケーションの核に対する一連のやり取りを検証する

【4】 テストにおいて何を呼び出すのか、その呼び出したものが何を行なうのかによって、代替の振る舞いをしてくれるオブジェクトのことを「モック（mock）」とは呼ばず、「フェイク（fake）」や「スタブ（stub）」などと呼ぶことがあります。これらの呼び方はそれぞれ意味していることが若干異なりますが、結局のところ、**「本物」**をテストで使われる**「代替物（モック）」**に置き換える、という点においては違いがありません。私は可能なかぎり正しい名前を用いるように心がけていますが、どこからが「モック」でどこからが「スタブ」になるのかというようなニュアンスを本書で細かく説明することは本書の主眼ではないため、本書では、すべてを「モック」と呼ぶようにしています。

アプリケーションテストを作成できるようになります。

このように、受信アダプタや送信アダプタをモックに置き換えれば**アプリケーションテスト**を行なえるようになるものの、本書では本物の受信アダプタと送信アダプタを使って一連のやり取りをすべて検証する**システムテスト**を行なうことを推奨します。なぜなら、このようなシステムテストを行なうことでアダプタをモックにしただけのアプリケーションテストでは検出できないバグ（たとえば、異なる層のあいだで発生するモデルの変換における間違いやアプリケーションと外部の世界とのやり取りに関する誤解など）を検出できるようになるからです。

この**システムテスト**を行なうには、テストを開始する前に、テスト対象のアプリケーションがやり取りする本物の外部システムを稼働できることが求められます。

まず、外部から受信することに関してですが、テスト対象がWebアプリケーションの場合、そのアプリケーションが実際にHTTP経由でリクエストを受け取れるようにして、そのリクエストが実際のWebアダプタを経由するようにしなければなりません。これは、単にテスト対象のアプリケーションをローカルで起動して、本番環境と同じようにHTTP経由でリクエストを受け取れるようにすればよいだけなので比較的簡単に行なえるはずです。

一方、外部システムを呼び出すことに関しては、たとえば、本物のデータベースを起動して、永続化に関する処理が永続化アダプタを経由して行なわれるようにしなければなりません。近年では、ほとんどのデータベースを用意するのに、ローカルでの稼働を可能にするDockerイメージを用いることができるようになっているため、このような呼び出しが簡単に行なえるようになっています。もし、テスト対象のアプリケーションがデータベースではないデータストレージを用いるのであれば、そのデータストレージが含まれるDockerイメージを見つけるか作成することで、ローカルで目的のアプリケーションに対するシステムテストを行なえるようになります。

もし、テストで必要とする外部システムのDockerイメージを用意できない場合は、その外部システムを模倣する送信アダプタのモックを独自に用意し、本物の送信アダプタをそのモックに置き換えて検証します。ヘキサゴナルアーキテクチャを用いていれば、この置き換えは簡単に行なえます。そして、将来、その外部システムのDockerイメージが利用可能になれば、本物の送信アダプタへの置き換えをあまり労力をかけずに行なえるようになります。

もちろん、本物のアダプタではなくモックのアダプタに対してテストすることが合理的な場合はあります。たとえば、テスト対象のアプリケーションが複数のプロファイル（構成情報のソース）を用いるようになっていて、各プロファイルが同じポートに対して異なる（本物の）アダプタを用いるように設定している場合、テストで検出されたエラーがアプリケーションに関するエラーなのか、それともアダプタに関するエラーなのかを区別できるようにしたい場合です。このような場合であれば、アプリケーションの核（ヘキサゴン）のみをテスト対象とするアプリケーションテストが効果を発揮します。一方、データベースを用いる標準的なWebアプリケーションであれば、受信アダプタも送信アダプタも本番で使うものと同じものが使われることになるため、システムテストで検証したくなるはずです。

そうなると、システムテストはどのようなコードになるのでしょうか？ たとえば、「送金する」というシナリオに対してシステムテストを行なうのであれば、テスト対象のアプリケーションにそのシナリオを実施するHTTPリクエストを送り、返ってくるレスポンスと口座の残高を使って検証を行ないます。

Springを用いたJavaのアプリケーションの場合、そのコードは次のようになります。

```
package buckpal;

import org.springframework.boot.test.context.SpringBootTest;
import org.springframework.boot.test.context.SpringBootTest.WebEnvironment;

import static org.assertj.core.api.BDDAssertions.then;
（略）

@SpringBootTest(webEnvironment = WebEnvironment.RANDOM_PORT)
class SendMoneySystemTest {
```

```
@Autowired
private TestRestTemplate restTemplate;

private static final String ENDPOINT =
    "/accounts/sendMoney/{sourceAccountId}/{targetAccountId}/{amount}";

// 「送金する」というシナリオに対するテスト
@Test
@Sql("SendMoneySystemTest.sql")
void sendMoney() {
  Money initialSourceBalance = sourceAccount().calculateBalance();
  Money initialTargetBalance = targetAccount().calculateBalance();

  ResponseEntity response = whenSendMoney(
      sourceAccountId(),
      targetAccountId(),
      transferredAmount());

  then(response.getStatusCode())
      .isEqualTo(HttpStatus.OK);
  then(sourceAccount().calculateBalance())
      .isEqualTo(initialSourceBalance.minus(transferredAmount()));
  then(targetAccount().calculateBalance())
      .isEqualTo(initialTargetBalance.plus(transferredAmount()));
}

// 送金の実行
private ResponseEntity whenSendMoney(
    AccountId sourceAccountId,
    AccountId targetAccountId,
    Money amount) {
  HttpHeaders headers = new HttpHeaders();
  headers.add("Content-Type", "application/json");
  HttpEntity<Void> request = new HttpEntity<>(null, headers);

  return restTemplate.exchange(
      ENDPOINT,
      HttpMethod.POST,
      request,
      Object.class,
      sourceAccountId.getValue(),
      targetAccountId.getValue(),
      amount.getAmount());
}
```

```
    // その他のヘルパーメソッドなど
    （略）
}
```

ここではテストクラスに@SpringBootTestを付けており、テストを実施する際にSpringがアプリケーションを機能させるのに必要なすべてのオブジェクトを生成するように設定しています。さらに、このアノテーションのwebEnvironment引数に「WebEnvironment.RANDOM_PORT」を指定することで、アプリケーションがリクエストを受け取るときのポートが特定のポートではなくランダムになるように設定しています。

このテストでは、テスト対象のアプリケーションに対して送金を行なわせるHTTPリクエストを送ったあと、そのアプリケーションから返ってきたHTTPステータスのコードが想定どおりなのか、そして、送金元と送金先の口座残高も想定どおりなのかを確認しています。

さらに、リクエストを送信するのにTestRestTemplateクラスを使っており、前述のWebアダプタに対するテストで使用したMockMvcクラスを使っていません。このようにした理由は、TestRestTemplateクラスを使うと、本当のHTTPを経由してリクエストが送信されるようになるため、本番環境にさらに近い状態でテストを行なえるようになるからです。

リクエストが本当のHTTP経由で送信されるように本物のWebアダプタを使ったのと同じように、このシステムテストでは永続化アダプタも本物を使うようにしています。今回はアプリケーションとデータベースをつなげる永続化アダプタしかないのですが、他の種類の外部システムも呼び出すのであれば、そのための送信アダプタも使われることになります。しかしながら、システムテストの際に、すべての外部システムを立ち上げて稼働させるやり方が現実的ではない場合があります。そのような場合であれば、外部システムをモックに置き換えてシステムテストを行なうことになります。このとき、もし、アプリケーションのアーキテクチャにヘキサゴナルアーキテクチャが使われているのであれば、その外部システムとやり取りをする送信アダプタをモックに置き換えるだけで、この種の切り替えが簡単に行なえるようになります。

また、今回のテストクラスのコードで目を向けてほしいのは、コードを可能なかぎり読みやすくするため、ヘルパーメソッドを用いた点です。このようなヘルパーメソッドは複雑な生成ロジックなどを隠す効果があり、その名前にドメインで使われている用語を用いることで、何をするものなのかがメソッド名からわかるようになります。

このように、ドメイン特有の用語をテストコードに用いれば、どのような種類のテストであってもそのコードは読みやすくなります。これは、特にシステムテストの場合にその重要性が増すことになります。なぜなら、システムテストは単体テストや統合テストよりも実際のユーザーの操作に近い動きが求められるため、ドメイン特有の用語をテストコードに用いることで、ユーザーの観点でのアプリケーションの検証を行なえるようになるからです。開発者がもしテスト対象のドメインで使われている言語をすでに把握しているのであれば、より簡単にこのことを行なえるようになります。さらにドメイン特有の用語がテストコードに用いられると、ドメインエキスパート（非開発者の場合もある）にとってもそのテストで何を検証しているのかが理解しやすくなり、テストに対するフィードバックが速やかに返ってくるようになります。このように、テストにドメイン特有の用語を持ち込むのに適しているのが振る舞い駆動開発であり、Javaの場合だと、この振る舞い駆動開発をサポートするツールにJGiven[5]などがあります。

読者の中には、この章で見てきた単体テストや統合テストをすでに用意しているのであれば、新たにシステムテストを作成しても、テスト対象として実行されるコードの多くは単体テストや統合テストで検証されるため、同じコードを再度実行することに何か意味があるのか、と疑問を持つ人もいるかもしれません。もちろん、システムテストを行なうことは意味があることであり、一般的に単体テストや統合テストのときとは異なる種類のバグを見つけ出せるようになります。たとえば、異なる層とのやり取りにおけるモデルの変換に関す

【5】　https://jgiven.org/

るバグは、単体テスト、もしくは、統合テストだけでは見つけ出せない種類のバグになります。

システムテストが最も効果を発揮するのは、複数のユースケースが含まれたシナリオを検証する場合です。システムテストでは、ユーザーがアプリケーションを介してよく行なうであろう一連の操作を各シナリオで表現し、それらのシナリオが何も問題なく実施できることを検証します。そして、すべてのシナリオが問題なく実施できることに確証を持てるようになれば、テスト対象のアプリケーションに加えられた変更は問題なく機能しており、その変更によって他の部分が機能しなくなるようなことも起こっていないことに自信を持てるようになります。そうなると、残っている作業は、そのアプリケーションを本番環境にリリースすることだけになります。

8.7　どのくらいテストをすれば十分なのか?

私は今まで様々なプロジェクトに参加してきましたが、どのような経験を積んだとしても、明確な答えを出せない疑問の1つに「テストをどのくらいすれば十分なのか」ということがあります。たとえば、コード網羅率（coverage）が80%以上あれば十分なテストとなるのでしょうか？　それとも、もっと高い網羅率が必要となるのでしょうか？

十分なテストが行なわれていることを保証するためにコード網羅率を用いることは避けるべきプラクティスです。なぜなら、コード網羅率が100%に達していないかぎり、コードベースの重要な箇所が検証されていない可能性があるからです[6]。しかも、仮に100%のコード網羅率を得ていたとしても、すべてのバグを見つけ出せるわけではありません。

本書では、ソフトウェアをリリースすることにどのくらいの自信を持てるの

【6】　なぜ、コード網羅率が100%でないと意味を成さないのかについて興味があれば、まさに、そのことについて私が書いた記事「Why You Should Enforce 100% Code Coverage」（https://reflectoring.io/100-percent-test-coverage/）を読んでみてください。

かによって十分なテストが行なわれているのか否かを判断するのがよいと考えています。つまり、用意したテストをすべて実行したあと、対象のソフトウェアをリリースすることに自信を持てるのであれば、十分なテストをしたと考えてもよいということです。たとえば、リリースが頻繁に行なわれるようなソフトウェアの場合、リリース後に大きなバグが発生せず、小さなバグも滅多に発生しないのであれば、用意したテストについてより大きな信頼を持てるようになっていきます。一方、リリースが1年に1、2回くらいしか行なわれないソフトウェアであれば、テストの実績は少ないため、そのテストを完全に信頼することは難しくなります。

そうなると、最初の数回のリリースに関しては大丈夫だと信じる覚悟が必要となります。そして、本番環境で発生したバグを対処するとき、**そのバグから学習すること**に高い優先度を設けているのであれば、正しい軌道に乗っていることになります。たとえば、本番環境でバグが見つかるたびに、開発者は「なぜ、用意したテストはそのバグを検出できなかったのか」ということを自問し、その答えをドキュメントに残し、そのバグを見つけ出すテストを追加するようなことを積み重ねていったとします。そうすれば、その積み重なりが増えていくたびに、リリースすることへの不安は消え、残されたドキュメントから、何が改善されたのかをあとで知れるようになります。

とはいえ、どのようなテストを作成すべきかについて戦略を持って開発に挑むことも重要になります。ヘキサゴナルアーキテクチャにおいて本書が提唱する戦略には、次のものがあります。

- ドメインエンティティを作成するあいだに、そのドメインエンティティを検証する単体テストを用意する。
- ユースケースを実現するサービスを作成するあいだに、そのサービスを検証する単体テストを用意する。
- アダプタを作成するあいだに、そのアダプタを検証する統合テストを用意する。
- システムテストでは、テスト対象となるアプリケーションのユーザーがそのアプリケーションを介して行なうであろう一連の操作に関するシナリオの中で特に重要なシナリオを検証するようにする。

これらの戦略において目を向けてほしい部分は「○○を作成するあいだに」の部分です。つまり、**機能の実装が終わったあと**にテストするのではなく、**機能を実装しているあいだ**にテストを行なうのです。そうすることで、テストは開発を助けるツールとなり、テストのことを実装後の雑用のようには思わなくなります。

現状、既存のクラスに新しいフィールドを追加するたびに長い時間をかけてテストを修正するようになっているのであれば、そのテストは何か間違ったところがあると考えられます。このような場合によくあるのが、作成したテストがテスト対象のコードの変更に対してあまりにも脆弱な作りになっていることです。そのため、開発者はそのことに関して何らかの改善策を施さなければなりません。結局のところ、リファクタリングのたびにテストを修正することが強いられるのであれば、そのテストは価値がないことになるのです。

8.8 この章がどのように保守のしやすいソフトウェアを構築する際の助けとなるのか？

ヘキサゴナルアーキテクチャは、アプリケーションの核にある業務ロジックとアプリケーションの外部に面するアダプタとを明確に分離するアーキテクチャです。この分離は、アプリケーションの中心にある業務ロジックを単体テストで検証する一方、統合テストで「アダプタを検証する」というテストに関する明確な戦略を定義するのに役立ちます。

また、アーキテクチャの中に受信ポートと送信ポートがあることで、テストの際にどの部分をモックに置き換えられるのかが明確にわかるようになります。そうなると、テストの際にそれぞれのアダプタに対して、モックに置き換えるのか、それとも、実際の実装をそのまま使うのかを開発者は決められるようになります。もし、対象とするポートが小さく、必要な操作しか定義されていないのであれば、そのポートを実装するアダプタをモックに置き換えることはそれほど手間のかからない簡単な作業となります。なぜなら、ポートに定義されているメソッドが少ないほど、テストを作成するときにどのメソッドをモックにしなくてはならないのかについて悩むことが少なくなるからです。

モックに置き換えることがあまりにも負担となったり、テスト対象のコードに対してどの種類のテストを作成すべきなのかがわからなかったりするのであれば、それは何かが間違っていることを警告しています。まさにテストは、このような状況に陥ることを防ぐ「炭鉱のカナリア【訳注4】」としての役割を担っていると考えられます。テストとは、テスト対象のアーキテクチャに関する欠陥について警告し、保守のしやすいコードベースになるように軌道修正を促してくれるものなのです。

ここまでは、ユースケースとアダプタについて個別に見てきたのですが、そうなると、それらがお互いにコミュニケーションを取るためにはどうすればよいのかが疑問として出てきます。そこで、次の第9章では、両者のあいだでコミュニケーションを取れるようにするためには、どのようにデータのモデルを設計するのかについて詳しく見ていきます。

【訳注4】　何らかの危機や目に見えない危険が迫っていることを伝える前兆となるもの。
参照「炭鉱のカナリアを死なせないために使われていた「カナリア蘇生装置付きケージ」とは？」GIGAZINE、2023年1月16日
https://gigazine.net/news/20230116-resuscitate-canaries-coal-mines-device/

9

境界を越える際のモデルの変換

本書がここまで構築してきたアーキテクチャには、アダプタ層（特に、Webアダプタと永続化アダプタ）、アプリケーション層、ドメイン層があり、各層がアプリケーションに求められるユースケースを実現するために、どのような貢献をしているのかについて見てきました。

ただ本書では、異なる層とやり取りをする際、どのようにモデルを変換するのか、という面倒でありながらも様々なところで行なわなくてはならないトピックについてはほとんど触れてきませんでした。一方、このような面倒を避けるために、異なる層であっても同じモデルを使うことに問題はないと考える開発者もいることでしょう。

仮に、この異なるモデルを使うことへの是非について議論するとなると、次に示すような意見の相違が出ることが想像できます。

- **異なるモデルを用いる側の反論**：異なる層で同じモデルを用いてしまうと、そのモデルは両方の層から依存されてしまい、その結果、それらの層が密結合してしまう。
- **同じモデルを用いる側の反論**：層ごとに異なるモデルを用いるようにすると、モデルを変換するための多くの似通った手続き的なコードができてしまう。このことは多くのユースケースを実装する上で、開発者に対して不必要な負担を課すことになる。なぜなら、ユースケースの多くが単純なCRUD（Create、Read、Update、Delete）操作しか行なっていないような場合、層が変わったとしても結局は同じようなモデルが使われることになるからである。

この種の議論でよくあるのが、両方とも正しいことを言っているということです。そこで以下では、境界を越える際のモデルの変換に関する戦略について、そのメリットとデメリットを見ていき、どのようなトレードオフがあるのかについて考えていきましょう。

9.1 「モデルを変換しない」という戦略

まず、最初に見ていく戦略は「モデルを変換しない」という戦略です。この戦略を今まで見てきた「送金する」というユースケースに当てはめたものを図9.1に示します。

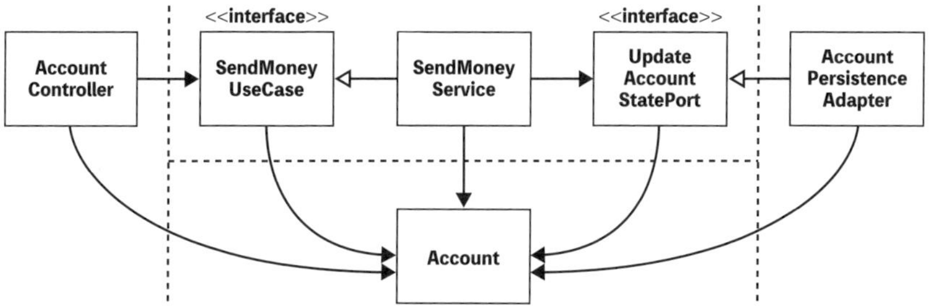

図9.1 もし、ポートの入力モデルと出力モデルに同じドメインモデルを用いると、異なる層とのやり取りにおいてモデルの変換をしなくても済むようになる

ここでは、アダプタ層にあるWebアダプタ（コントローラ）がアプリケーション層にある受信ポート（SendMoneyUseCase）を呼び出して、ユースケースを実行するようになっています。受信ポートには、引数にAccountクラスのオブジェクトを受け取るメソッドが定義されているため、アダプタもアプリケーションの核も両方ともAccountクラスにアクセスできることになります。つまり、これらの2つの層は両方とも同じドメイン層のモデル（エンティティ）を使うことになるのです。

一方、このアプリケーションの反対側にある永続化アダプタもWebアダプタのときと同じようにドメイン層のモデルを使っています。そうすると、このアプリケーションでは、すべての層で同じモデルが使われることになるため、境界を越えてコミュニケーションを取ることになったとしても、モデルを変換する必要がないことになります。

このような設計にした場合、どのような課題が出てくるのでしょうか？

まず、考えられることは、共有するモデルに対してWebアダプタと永続化アダプタがそれぞれ独自の関心事を加えてしまうことです。たとえば、もし、WebアダプタがREST APIを介してそのモデルを受け渡ししているのであれば、そのモデルをJSONにどのようにシリアライズするのかを定義するアノテーションをそのモデルに付けなければならなくなります。これと同じことが永続化アダプタについても言えます。もしO/Rマッパーを使うのであれば、データベースのテーブルとの関連づけを行なうために、O/Rマッパーが提供するアノテーションをそのモデルに付けなければならなくなります。

これらのことを本書が提示するサンプルのアプリケーションに当てはめて考えてみると、これらの特別なアノテーションを使った設定はすべてAccountクラスに対して行なわれます。もちろん、これらのアノテーションはドメイン層とアプリケーション層からすると関係のないものになります。そのため、異なる層で同じモデルを使うことは複数の層に変更する理由を散在させることになるため、単一責任の原則に反することになります。

さらに、このようなモデルを変換しない戦略を採用する場合、Accountクラスに対して技術的に必要なコード（アノテーションなど）を加えるだけではなく、他の層には関係のない独自のフィールドを追加することになる場合もあります。こうなってしまうと、このAccountクラスは特定の層でしか意味を持たないフィールドを含んでしまい、どの層であっても必ず余分なフィールドが存在するようになってしまいます。

しかしながら、このことは「モデルを変換しない」という戦略を決して取るべきではない、という結論に結び付くわけではありません。たしかに、そのような設計にするとコードが汚くなってしまうように感じるかもしれませんが、モデルを変換しないことが完全に適切な戦略となることもあります。

たとえば、単純なCRUD操作しか行なわないユースケースの場合、すべての層で同じ情報しか扱いません。その場合、アダプタ層のモデルをドメイン層のモデルに変換したり、その逆の変換を行なったりすることに意味があるのでしょうか？　その答えはきっと「No」でしょう。

そうなると、ドメインモデルに含まれるJSONとの変換のためのアノテーションやO/Rマッパーが利用するアノテーションについてはどうなのでしょうか？そこで考えてほしいのが、簡単なCRUD操作しか行なわない場合、それらのアノテーションが開発者を本当に悩ますのかということです。たとえば、もし、アダプタ層で何らかの変更を加えることになり、ドメインモデルに付けられているアノテーションをいくつか変えることになったとして、それが開発の妨げになるのでしょうか？

本書では、すべての層において、モデルに対して必要とする情報が完全に同じで、構造も完全に同じであれば、「モデルを変換しない」という戦略は完全に有用な選択肢だと考えています。

ただし、単純なCRUD操作しか行なわないユースケースがWebアダプタや永続化アダプタだけでしか必要とならないことを（必ず付けなくてはならないアノテーションのことを除いて）扱わなければならなくなった場合、すぐに別の戦略を採用できるようにしておかなくてはなりません。

また、ここで心に留めておいてほしいことは、モデルの変換に関する戦略にはそれぞれメリットとデメリットがある、ということです。そして、それらのメリットとデメリットを考慮して最善の選択をしたとしても、将来、扱っていることの複雑さが変わってしまい、別の戦略のほうが最善の選択肢になることももちろん可能性としてあります。

私の経験から言うと、多くのユースケースは単純なCRUD操作だけしか扱わない状態で始まったとしても、アプリケーションの成長に伴って、それらのユースケースに本格的なビジネスロジックが持ち込まれ、豊富な振る舞いや複雑な妥当性確認を実装することが求められるようになるのは珍しいことではありません。とはいえ、場合によっては、いつまで経っても単純なCRUD操作しか行なわないユースケースも存在します。そのような場合であれば、「モデルを変換しない」という戦略を採用したことを嬉しく思うことになるでしょう。なぜなら、別の戦略を採用した場合、そこに費やした時間と労力がそれ以上の価値として返ってくることはないからです。

9.2　双方向でのモデルの変換

それでは、次は、アプリケーションの核と各アダプタがそれぞれ独自のモデルを持つことにした場合について考えてみましょう。このような場合、次の図9.2で示すような「双方向でのモデルの変換」と本書が名付けた戦略を用いることになります。

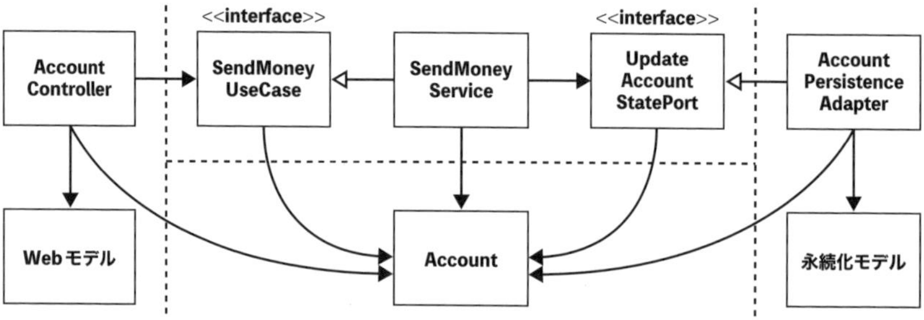

図9.2　アプリケーションの核と各アダプタが異なるモデルを持つようにした場合、各アダプタは自身のモデルからドメインモデルへの変換、およびドメインモデルから自身のモデルへの変換の双方向の変換を行なわなくてはならなくなる

図9.2に示しているように、アプリケーションの核と各アダプタが独自のモデルを持つようにすると、各アダプタのモデルはドメインモデルとは完全に異なる構造を持てるようになります。

この場合、Webアダプタがアプリケーションの受信ポートを呼び出すためには、自身のモデル（Webモデル）を受信ポートの入力モデル（ドメインモデル）に変換することになります。そして、受信ポートから戻り値が返ってくると、Webアダプタはその戻り値となるドメインモデルをWebモデルに変換し、そのWebモデルを用いて自身の処理を行なうようになります。

このことは永続化アダプタでも同じで、永続化アダプタはアプリケーションの核から送信ポートを経由して送られてきたドメインモデルを自身が扱う永続化モデルにまずは変換します。そして、その永続化モデルを用いて要求された処理を行なうと、その処理結果となる永続化モデルをアプリケーションの核が扱えるドメインモデルに変換します。

このように、アプリケーションの核とアダプタ層とのあいだでモデルの変換が双方向で行なわれるため、本書ではこの戦略のことを「双方向でのモデルの変換」と呼んでいます。

この戦略を採用すると、アプリケーションの核と各アダプタは異なるモデルを扱うことになるため、モデルで保持する核となる情報が変わらないかぎり、お互いに影響を与えることなく自身のモデルを好きなように変えられるようになります。たとえば、Webモデルはデータを画面に表示するのに最適な独自の構造を持てるようになり、ドメインモデルはユースケースを実装するのに最適な独自の構造を持てるようになり、永続化モデルはO/Rマッパーの要求に応えられる独自の構造を持てるようになります。

このように、双方向でのモデルの変換を行なうようにすると、ドメインモデルが各アダプタ特有の関心事で汚れてしまうことを避けられるようになります。そうすると、ドメインモデルはJSONとの変換で使われるアノテーションやO/Rマッパーが要求するアノテーションを含めなくても済むようになり、その結果、単一責任の原則を遵守できるようになります。

この他にも、「双方向でのモデルの変換」による戦略は「モデルを変換しない」という戦略の次に理解しやすいシンプルな戦略である、というメリットがあります。なぜなら、モデルの変換に関する責務は外側の層にある各アダプタが担うという明確な決まりがあるからです。そのため、アプリケーションの核は自身のモデルのことだけを知っていればよくなり、モデルの変換に関して意識することなく、ビジネスロジックのことだけに専念できるようになります。

とはいえ、他の戦略と同様にこの「双方向でのモデルの変換」による戦略にも欠点があります。

1つ目の欠点は、双方向でのモデルの変換を行なうようにした場合、多くの似通った手続き的なコードが生まれてしまうことです。仮に、この種の変換をある程度は自動で行なってくれるフレームワークを用いていたとしても、モデル間の変換を行なえるようにするには、開発者に対してそれなりの時間と労力を課すことになります。こうなる理由の1つに、この種の変換に関するロジックは簡単にはデバッグできないことがあります。この問題は、特に、この種の変換を扱うフレームワークが汎用的な記述を用いた設定やリフレクションを使用している場合によく起こります。

2つ目の欠点は、受信ポートと送信ポートが入力値や戻り値にドメインモデルを用いている点です。双方向でのモデルの変換を行なう場合、アダプタは自身のモデルに変換してから、自身の処理を行なうことになりますが、それでも、各アダプタはアプリケーションの核と強く結び付いてしまいます。

このように、「モデルを変換しない」という戦略が銀の弾丸ではないのと同じように、「双方向でのモデルの変換」による戦略もまた銀の弾丸ではありません。多くのプロジェクトでは、この双方向でのモデルの変換による戦略をコードベース全体に適用しなくてはならないアーキテクチャのパターンとして見る傾向があり、仮に、非常にシンプルなCRUD操作しか行なわないユースケースであっても、この戦略を採用することが強いられることがあります。しかしながら、このようなシンプルなユースケースの場合、この戦略をアプリケーションに課すことはその開発に不要な負担を持ち込むことになります。

結論として、モデルの変換に関するどの戦略であれ、その戦略のことを絶対に従わなくてはならないものとして捉えるべきではありません。それよりも、ユースケースごとにどの戦略を適用するのが最適なのかを開発者は考慮すべきです。

9.3　徹底的なモデルの変換

それでは、次は、本書が「徹底的なモデルの変換」と呼んでいる戦略について見ていきましょう。この戦略を本書が提示するサンプルのアプリケーションに当てはめたものが図9.3になります。

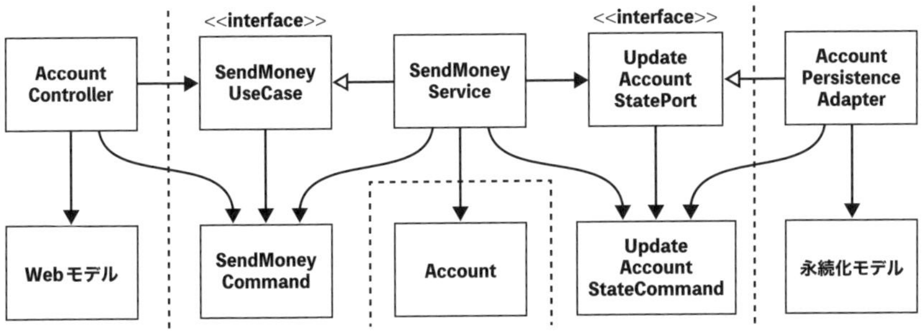

図9.3 他の層への呼び出しごとに独自のモデルを用意する戦略。たとえば、アダプタ層のWebアダプタはアプリケーション層とのやり取りをする際、Webアダプタで扱っているWebモデルを目的のユースケースの入力モデルに変換して渡すようになっている

図9.3に示しているように、徹底的なモデルの変換を採用する場合、他の層への呼び出しごとに個別の入力モデルと出力モデルを用意します。そのため、先ほど見たようなアダプタ層とアプリケーション層とのやり取りにおいてドメインモデルは使われなくなり、代わりに、ヘキサゴナルアーキテクチャの各構成要素が所有する独自のモデルが使われることになります。たとえば、この図9.3だと、受信ポートとなるSendMoneyUseCaseインターフェイスは入力モデルにSendMoneyCommandクラスを使うようになっています。本書では、この種の入力モデルに対して「Command」や「Request」など対象の振る舞いに応じた名前を付けるようにしています。

この戦略を採用した場合、アダプタ層のWebアダプタは自身が使用するWebモデルをアプリケーション層の受信ポートに定義された入力モデル（SendMoneyCommand）に変換する責務を担うことになります。受信ポートごとに入力モデルが定義されていれば、受信ポートに何を渡せばよいのかが明確になり、間違った解釈がされてしまう可能性を大幅に減らせるようになります。というのも、各ポートに独自の入力モデルが定義されるのであれば、その入力モデルにはそのユースケースで必要とされるフィールドしか含まれないため、目的のユースケースに沿った妥当性確認が行なわれることになり、どのフィールドに値を設定し、どのフィールドを空のままにするのかというようなことに悩まなくても済むようになるからです。逆に、もし、このような分離ができていない場合は、呼び出されたユースケースは本来であれば必要としない妥当性確認を実施しなければならなくなってしまいます。

アプリケーション層が入力モデルを受け取ると、次に、その入力モデルを目的のユースケースを遂行するのに必要なドメインモデルに変換しなければなりません。

Webアダプタの1つのWebモデルを受信ポートごとに異なる入力モデルに変換することは、1つのWebモデルから1つのドメインモデルに変換する場合よりも多くの変換が行なわれることであり、より多くのコードを記述することになります。これを実装と保守の観点から見ると、変換した入力モデルは1つのユースケースでしか使われないことになるため、変換したドメインモデルを複数のユースケースで使い回す場合と比べて、実装と保守がより簡単になります。

ただし、本書はこのような徹底的なモデルの変換による戦略をアプリケーション全体に適用することを推奨しているわけではありません。たしかに、呼び出すポートごとに異なるモデルを渡すことはWebアダプタ（もしくは、他の受信アダプタ）とアプリケーション層とのあいだでアプリケーションの状態を変更するユースケースを明確に区別する必要がある場合に効果を発揮します。しかし、このことをアプリケーション層と永続化アダプタとのあいだで行なうとモデルの変換に対するコストが非常に大きくなってしまうため、本書では、この部分に徹底的なモデルの変換による戦略を用いることは推奨していません。

また、このような徹底的なモデルの変換はユースケースを呼び出すときの入力モデルへの変換のときだけに限定し、戻り値となる出力モデルに関しては単純にドメインモデルを用いるほうがよいでしょう。たとえば、このことを「送金する」というユースケースに適用するのであれば、SendMoneyUseCaseインターフェイスに残高が更新されたAccountクラスのオブジェクトを戻り値として返させるようにします。

このように、モデルの変換に関する戦略は他の戦略と混ぜて使うことができ、そうすべきである場合もあります。つまり、どのような戦略であっても、アプリケーション全体に適用させなければならない絶対的な単一の戦略とする必要はないのです。

9.4 一方向でのモデルの変換

モデルの変換に関する戦略には、これらの他にも、本書が「一方向でのモデルの変換」と呼んでいる戦略があります。この戦略は今まで見てきた戦略とは異なる長所と短所を持っており、この戦略を今まで見てきた「送金する」というユースケースに当てはめたものが次の図9.4になります。

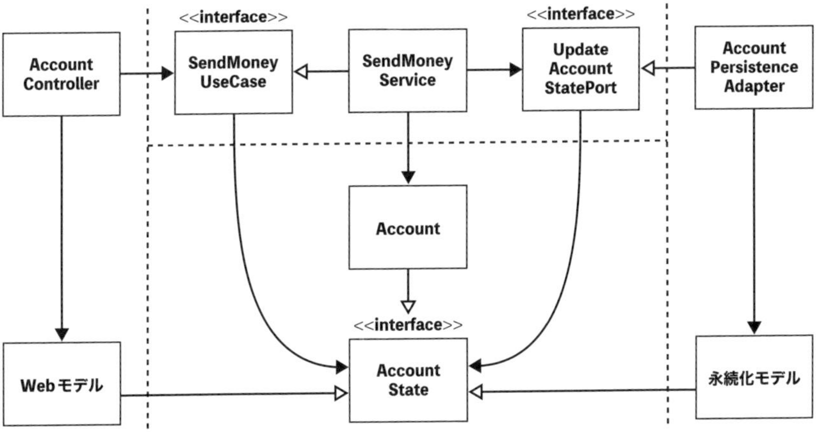

図9.4 アダプタで扱われる各モデルとドメインモデルは「状態（state）」を表わす同じインターフェイスを実装している。モデルへの変換は必要になった場合のみ自身のモデルへの変換を行ない、他の層にモデルを渡す際は変換を行なわない。そのため、一方向でのモデルの変換となる

「一方向でのモデルの変換」による戦略を用いる場合、各層で利用するすべ

てのモデル（ドメインモデルも含める）に対してモデルの状態を取得するためのGetterメソッドだけが定義された同一のインターフェイスを実装するようにします。

たとえば、ドメインモデルを実装する場合、このインターフェイスを実装することに加え、ユースケースを実現するのに必要な豊富な振る舞いも実装させるようにします。そうすることで、アプリケーションの核内にあるサービスはこのドメインモデルを用いて目的のユースケースを実行できるようになります。そして、そのサービスが目的のユースケースを実施し、その処理結果をアプリケーション層の外に渡す段階になったら、そのドメインモデルを変換せずにそのまま送信ポートに渡します。このように、他の層にモデルを渡す際、そのモデルの変換が不要になる理由は、アプリケーション層の外に渡されるドメインモデルには前述のインターフェイスが実装されており、その一方で、送信ポートに定義されている入力モデルにもその同じインターフェイスが定義されているからです。

こうして、アプリケーション層を囲むアダプタ層にオブジェクトが渡されると、その層にあるアダプタはそのオブジェクトをそのまま使うのか、それとも自身のモデルに変換するのか、という判断を下します。ただし、アダプタは受け取ったオブジェクトの状態を直接変更することはできません。なぜなら、受け取ったオブジェクトの型として定義されているインターフェイスには状態を取得するメソッドしか定義されておらず、状態を変えるメソッドは定義されていないからです。

一方、アダプタ層からアプリケーション層に渡されるモデルにもこの状態を取得するためのインターフェイスが実装されています。そのため、アダプタ層は自身が所有するモデルを変換せずにそのモデルをアプリケーション層に渡せることになります。こうして、アプリケーション層がアダプタ層のモデルを受け取ると、アプリケーション層は必要に応じてそのモデルをドメインモデルに変換します。この変換は目的のユースケースを実施する場合に行なわれることになります。なぜなら、目的のユースケースを実施するのに、ドメインモデルに備えられている豊富な振る舞いが必要になるからです。そして、このような変換を行なうのに適しているのがドメイン駆動設計[1]の概念にあるファクトリ（factory）になります。このドメイン駆動設計におけるファクトリは特定の状態からドメインオブジェクトを構築することを責務として持つものであり、まさに、ここで行なおうとしていることになります。

このように、一方向でのモデルの変換による戦略を用いると、モデルを変換することへの責務をどこが担うのかが明確になります。なぜなら、他の層から受け取ったオブジェクトを自身の層で扱えるモデルに変換するのかどうかを判断するのはそのオブジェクトを受け取った側の責務になるからです。まさに、このことがこの戦略を「一方向でのモデルの変換」と本書が命名した理由なのです。

しかし、この戦略は変換に関するロジックをすべての層に散在させることになるため、他の戦略を用いた場合よりもコードベースを理解することが難しくなります。

結局のところ、この戦略が最も効果を発揮するのは、層を越えて渡されるモデルが同じようなモデルになっている場合です。たとえば、読み込みのみの処理の場合、Webアダプタはアプリケーション層から返ってきたオブジェクトをWebモデルに変換しなくても処理を行なえます。なぜなら、そのオブジェクトの型となっているインターフェイスには必要な情報を取得するためのメソッドがすべて備わっているからです。

9.5 モデルの変換に関して、どの戦略をいつ使うべきなのか?

モデルの変換に関して、どの戦略をいつ使うべきなのか、という質問に完璧な答えを返すことができるのであれば、その答えには100万ドルの価値があると考える読者はいるのではないでしょうか？

【1】『Domain-Driven Design』Eric Evans著、Addison-Wesley、2004年：p.158。邦訳『エリック・エヴァンスのドメイン駆動設計』翔泳社、2011年

しかし、この質問の答えは残念なことに「時と場合による」というありふれたもので、誰も満足しないものになります。

結局のところ、モデルの変換に関する戦略には、それぞれ異なる長所と短所があるため、1つの戦略のみを選択し、その戦略をコードベース全体に適用したとしても、望んでいる結果に必ずしもなるわけではないのです。たしかに、同じコードベースの中にモデルの変換に関する異なった戦略がいくつも適用されていると、直感的にコードベースが煩雑になってしまうように感じます。しかしながら、構造的にクリーンにすることだけを求めて効果的ではない戦略をあえて適用させる部分が出てくると、実質的に無責任な単純化を推し進めているだけのことになってしまいます。

また、ソフトウェアが成長していくと、適用した時点では最善の選択肢として考えられていた戦略が現時点においては最善ではなくなってしまうようなことも起こります。そのため、モデルの変換に関する戦略を1つだけに決めて、何があってもその戦略を変えないような開発をするのではなく、まずは、簡単に開発を進められるシンプルな戦略を適用し、あとで、そのアプリケーションが複雑になったときに、層の分離をより明確に行なえる複雑な戦略に置き換えるほうがより優れた結果を得られることになるでしょう。

ただし、どの戦略をいつ使うのかを決定することに関しては、チーム内でそのことに関する指針をきちんと共有しておかなければなりません。そして、その指針は、どの戦略がどの状況のときに第一の候補となるのか、そして、なぜ、選択された戦略が第一の候補となったのか、という疑問に答えられるものでなければなりません。なぜなら、戦略を選択する理由を明確にしておくことで、あとで、その選択の理由がまだ妥当なのかどうかを評価し直すことが容易に行なえるようになるからです。

たとえば、アプリケーションの状態を変更するユースケースの場合とアプリケーションの状態を参照するだけのユースケースの場合とでは、モデルの変換に関する戦略を選定する指針は異なるものになります。同様に、Webアダプタとアプリケーション層とでモデルの変換を行なう場合と、アプリケーション層と永続化アダプタとでモデルの変換を行なう場合も、適用する戦略を選定する指針は異なることになります。

そのため、次に示すような感じで指針を事前に定めておき、開発チーム内で共有するようにしておきます。

- 「アプリケーションの状態を変更するユースケース」を扱う場合、「Webアダプタとアプリケーション層」とのあいだで行なわれるモデルの変換に関する戦略は**徹底的なモデルの変換**を第1候補とする。なぜなら、各ユースケースを分離できるようになるからである。また、ユースケースには実施するのに必要なデータしか渡されなくなるため、自身のユースケースでしか必要にはならないデータや妥当性確認が他のユースケースで扱われることがなくなる。
- 「状態を変更するユースケース」における「アプリケーション層と永続化アダプタ」とのあいだで行なわれるモデルの変換には、**「モデルを変換しない」という戦略**を第1候補とする。なぜなら、モデルの変換に関する負担を抱えることなく、速やかに開発を進められるようになるからである。その後、もし永続化アダプタの関心事がアプリケーション層に侵食するようになってきたら、すぐに、**双方向でのモデルの変換による戦略**に切り替える。永続化アダプタの関心事を永続化アダプタ内だけで収められるようになる。
- 「アプリケーションの状態を読み込むユースケース」を扱う場合、「Webアダプタとアプリケーション層」とのモデルの変換に関する戦略と「アプリケーション層と永続化アダプタ」とのモデルの変換に関する戦略は両方とも**モデルを変換しない戦略**を第一の選択候補とする。なぜなら、モデルの変換に関する負担を抱えることなく、速やかに開発を進められるようになるからである。ただし、アダプタ層に関すること（Webに関することや永続化に関すること）がアプリケーション層に漏洩するようになってきたら、すぐにモデルの変換に関する戦略を**双方向でのモデルの変換による戦略**に変えるようにする。

このような指針がきちんと適用されるようにするためには、これらの指針がチーム内の開発者全員に浸透していなければなりません。そうなっていることで、これらの指針はチーム内で議論され、継続的に見直されるようになります。

9.6 この章がどのように保守のしやすいソフトウェアを構築する際の助けとなるのか?

受信ポートや送信ポートはアプリケーションの核とアダプタとのあいだの境界を管理する門番のようなものであり、アプリケーションの核とアダプタがどのようにコミュニケーションを取るのか、その際に、どのようにモデルを変換するのか、ということが定義されます。

たとえば、ポートが扱う範囲を狭くして、ユースケースごとにポートを用意するような設計にすると、ユースケースごとに異なる戦略を適用できるようになります。そして、このことは、将来的にユースケースが変わった場合も、そのユースケースにとってその時点で最善の戦略を、他のユースケースに影響を与えることなく変えられることを意味します。

しかしながら、ユースケースごとにモデルの変換に関する異なる戦略を適用することは、単純に同じ戦略をすべての場面に適用する場合と比べて難しく、より多くのコミュニケーションを開発者同士で取ることが求められます。たしかにこのような負荷が課せられるのは事実ですが、そこに費やした時間と労力はあとで価値となって返ってくることを期待できます。なぜなら、モデルの変換に関する指針がチーム内の開発者たちに共有されていれば、コードベースには必要なことだけしか実装されなくなり、コードベースの保守が容易になるからです。

ここまでは、アプリケーションを構成する層には何があり、どのように層の境界を越えてお互いにコミュニケーションを取るのかを見てきました。次の第10章では、ヘキサゴナルアーキテクチャの様々な構成要素を用いて、アプリケーションを組み立てる方法について考えていきます。

10

アプリケーションの組み立て

これまで、ユースケース、Webアダプタ、永続化アダプタなどのアプリケーションを構成する要素をどのように実装するのかについて見てきましたが、アプリケーションとして機能させるには、それらの構成要素を適切に組み合わせなければなりません。本書ではこのことを実現するために、依存注入（Dependency Injection：DI）【訳注1】を用いて、起動時に、必要なクラスのオブジェクトを生成し、それらを適切に組み合わせてアプリケーションを構成することを第4章で述べました。そこで、本章では、アプリケーションの組み立てに関する3つの方法について見ていきます。まず、最初に見るのは特別なフレームワークを用いないでJavaの標準的なコードのみを用いる方法で、次に見るのはSpringが提供するコンポーネントスキャン【訳注2】を用いる方法になります。そして、最後に、これもまたSpringが提供するJava Configを用いる方法を見ていきます。

10.1　アプリケーションをどのように組み立てるのかをなぜ考慮しなくてはならないのか？

なぜ、必要に応じてユースケースやアダプタのオブジェクトを単純に生成するようなことをすべきではないのか【訳注3】という論点について考えてみましょう。その理由として、「依存する方向を正しい向きにする」ということがあります。ここで思い出してほしいのが、すべての依存関係は内側へ向かうようにすべきである（言い換えると、ドメイン層に向かって依存すべきである）、という依存のルールです。このルールに従うことで、ドメイン層の外で何らかの変更が加えられたとしても、その変更による影響がドメイン層のコードにま

【訳注1】「Dependency Injection:」は一般的に「依存性の注入」と訳されますが、本書では、依存となるオブジェクト（dependency）を「依存」と訳しているので、「依存注入」と訳しています。

【訳注2】原著では「classpath scanning」となっていますが、本書ではより一般的に使われている「コンポーネントスキャン」という呼び方で訳しています。

【訳注3】ここでは、newを用いて必要なオブジェクトを生成することを述べています。

で及ばないようにすることができます。

たとえば、ユースケースが永続化アダプタを呼び出すことになった場合、ユースケースが永続化アダプタのオブジェクトを単純に生成しているだけだと、コードの依存関係は間違った方向を向くことになります【訳注4】。

そのため、ヘキサゴナルアーキテクチャでは、ユースケースと永続化アダプタとのあいだに送信ポート（インターフェイス）を配置することで、ユースケースが送信ポートのことを知っていれば、その送信ポートの実装クラスとなる永続化アダプタについて知らなくても済むようにしています。そして、その永続化アダプタのオブジェクトは実行時に提供されるようにしています。

このように、インターフェイスに対してプログラミングすることで得られる良い意味での副次的効果として、テストをしやすくなる点が挙げられます。なぜなら、もし、テスト対象のクラスで必要とされる依存がコンストラクタ経由ですべて渡される設計になっていれば、実際のアプリケーションで使用する依存の代わりに、モックを渡せるようになるからです。そうすれば、単体テストの際に、テスト対象のクラスを他のクラスから隔離できるようになります。

そうなると、依存するオブジェクトを生成する責務はどこが担うことになるのでしょうか？ そして、そのことを依存のルールに反することなく行なうには、どうすればよいのでしょうか？

その答えは、アプリケーションのアーキテクチャに中立的で、アプリケーション内のすべてのコンポーネントにアクセスでき、構成（configuration）を責務とするコンポーネントを用意するということになります（図10.1）。そして、この構成コンポーネントにすべてのクラスのオブジェクトを生成する責務を担わせるようにします。

【訳注4】 この場合、アプリケーション層にあるユースケースはアダプタ層にある永続化アダプタに依存することになるため、依存関係は外側に向かうことになります。

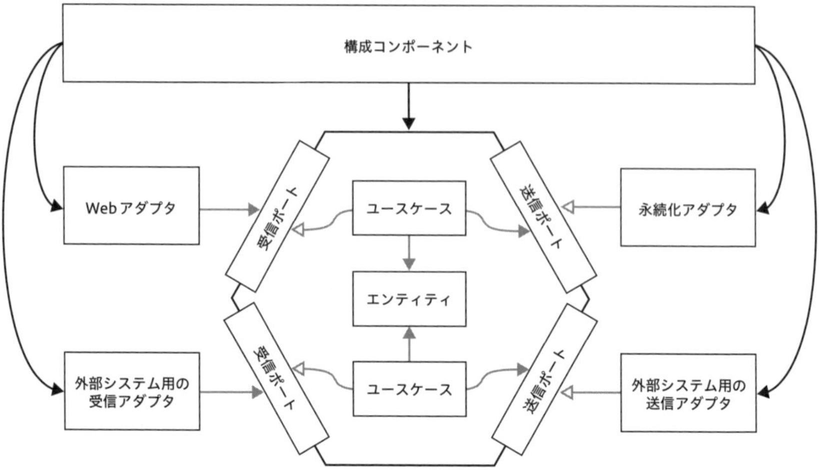

図10.1　構成（configuration）コンポーネントはどの層のクラスであってもオブジェクトを生成できるように、すべての層へのアクセスが可能となっている

第3章で見たクリーンなアーキテクチャという観点から考えると、このような構成コンポーネントは一番外側の層に配置されることになります。なぜなら、構成コンポーネントの内側に他のすべての層が配置されれば、依存のルールに反することなく、他の層にアクセスできることになるからです。

そして、この構成コンポーネントが担う責務は、今まで本書で見てきたアプリケーションの構成要素（アダプタ、ポート、ユースケース、ドメインモデルなど）を組み合わせてアプリケーションを構築し、その構築したアプリケーションを正しく機能させることになります。そうなると、構成コンポーネントは次に挙げていることを実行できなくてはなりません。

- Webアダプタのオブジェクトを生成すること
- HTTPリクエストが確実にWebアダプタに渡されるようにすること
- ユースケースのオブジェクトを生成すること
- Webアダプタにユースケースのオブジェクトを渡すこと
- 永続化アダプタのオブジェクトを生成すること

- ユースケースに永続化アダプタのオブジェクトを渡すこと
- 永続化アダプタがデータベースへ確実にアクセスできるようにすること

これらのことに加え、構成コンポーネントは構成ファイルやコマンドラインの引数から受け取る構成情報にもアクセスできなくてはなりません。なぜなら、構成コンポーネントが構成情報を取得できるのであれば、アプリケーションを組み立てる際に、取得した構成情報をアプリケーションを構成する様々な要素に渡せるようになるからです。そうすれば、どのデータベースにアクセスするのか、メールを送るのにどのメールサーバーを使うのかといった構成要素の振る舞いを構成コンポーネントで制御できるようになります。

しかし、これらのことをすべて行なえるようにすると、構成コンポーネントに対して多くの責務を課すことになってしまい、**単一責任の原則**を遵守できなくなってしまいます（つまり、構成コンポーネントには「変更する理由」が複数あることになります）。とはいえ、アプリケーションの他の構成要素をクリーンな状態で維持させたいのであれば、それらの構成要素を必要な箇所に注入する外部のコンポーネントが必要となります。そして、その責務を構成コンポーネントが担うのであれば、構成コンポーネントは組み立てるアプリケーションを適切に機能させるためにすべての構成要素について理解していることが必要不可欠となります。

10.2 標準的なJavaのコードだけを用いたアプリケーションの組み立て

アプリケーションの組み立てを責務とする構成コンポーネントを実装する方法はいくつかあります。もし、依存注入（DI）のフレームワークを使わずにアプリケーションの組み立てを行なうのであれば、プログラミング言語が提供する標準のコードだけで構成コンポーネントを作成しなくてはなりません。

```
package buckpal.configuration;

 (略)

public class Application {

  public static void main(String[] args) {
    AccountRepository accountRepository = new AccountRepository();
    ActivityRepository activityRepository = new ActivityRepository();
    AccountPersistenceAdapter accountPersistenceAdapter =
        new AccountPersistenceAdapter(accountRepository, activityRepository);

    SendMoneyUseCase sendMoneyUseCase =
        new SendMoneyUseService(
            accountPersistenceAdapter,  // LoadAccountPort
            accountPersistenceAdapter); // UpdateAccountStatePort

    SendMoneyController sendMoneyController =
        new SendMoneyController(sendMoneyUseCase);

    startProcessingWebRequests(sendMoneyController);
  }

   (略)
}
```

このコードでは、標準的なJavaのコードだけで構成コンポーネントを作成するとどのようになるのかを示しています。Javaの場合、アプリケーションの起動はmainメソッドで行なわれるため、このメソッド内で、アプリケーションを機能させるのに必要なすべてのクラス（コントローラから永続化アダプタまで）のオブジェクトを生成し、それらのオブジェクトを組み合わせて、アプリケーションが適切に機能するようにしています。

このmainメソッドでは、最後に、謎めいたstartProcessingWebRequestsメソッド[1]を呼び出しています。このメソッドはWebアダプタとなるコントローラをHTTP経由でアクセスできるようにするものであり、このメソッドを実行することで、引数に指定したコントローラがHTTPリクエストを受け付けられるようになります。

このように、特別なフレームワークを用いず、標準的なJavaのコードだけでアプリケーションを組み立てる方法は根本的な方法になりますが、次に挙げる問題があります。

- **実装しなくてはならないコードの量が膨大になる**：先ほどのコードでは、Webアダプタ（コントローラ）、ユースケース、永続化アダプタのオブジェクトをそれぞれ1つだけしか生成していないが、もし、実際のエンタープライズ向けアプリケーションを実装することになったら、このようなコードを必要なコンポーネントの数だけ記述することになる。
- **すべてのクラスをpublicで宣言しなくてはならなくなる**：なぜなら、構成コンポーネントからアプリケーションを組み立てるのに必要なすべてのクラスのオブジェクトを生成できるようにするためには、それらのクラスにアクセスできなくてはならないからである。このようなアクセス修飾子による制限をあきらめてしまうと、Javaのコンパイラは間違った方向への依存に対して何も警告しなくなるため、この種の間違いを防げなくなる。たとえば、ユースケースが送信ポートを経由せず、直接、永続化アダプタを呼び出したとしても、永続化アダプタのクラスはpublicで宣言されているため、コンパイラはこのことを許可してしまう。本来であれば、このようなクラスはパッケージプライベートで宣言し、意図しない依存が生み出されないようにするのが理想である。

【1】 startProcessingWebRequestsメソッドは単にHTTP経由でWebアダプタを外部からアクセスできるようにするための必要な起動時のロジックをまとめたものでしかありません。このようなメソッドを開発者自身が実装するには、かなりの労力と時間が奪われることになります。そのため、実際の開発においては、そのことを開発者の代わりにしてくれるフレームワークを用いるようにします。

幸いなことに、依存注入のフレームワークを使えば、このような面倒な実装を開発者自身が行なう必要がなくなることに加え、本来であればパッケージプライベートでよいクラスを外から呼び出せるようにするためだけにpublicに変えるような修正を行なう必要がなくなります。これをJavaで実装する場合、一番よく使われるフレームワークがSpringになります。そして、SpringはWebに関するサポートやデータベースに関するサポートなど様々な機能のサポートも提供しています。そのため、最初からSpringのようなフレームワークを用いていれば、謎めいたstartProcessingWebRequestsメソッドを実装しなくても済むようになります。

10.3 コンポーネントスキャンを用いたアプリケーションの組み立て

もし、Springを使ってアプリケーションを組み立てる場合、構成コンポーネントに該当するのはアプリケーションコンテキストと呼ばれるものです。そして、このアプリケーションコンテキストにアプリケーションを組み立てるのに必要なすべてのオブジェクト（Javaの用語で言う「Bean」）が登録されることになります。

Springはアプリケーションコンテキストを作り上げるための方法をいくつか提供していますが、それらの方法にはそれぞれ長所と短所があります。そこで、まずは、一番よく使われる（そして、非常に手軽に使える）方法であろうコンポーネントスキャン【訳注5】について見ていきます。

このコンポーネントスキャンを用いると、Springは検索対象となるクラスパス上にあるすべてのクラスの中から@Componentが付けられたクラスを見つけ

【訳注5】 原著では「classpath scanning」となっていますが、本書ではより一般的に使われている「コンポーネントスキャン」という呼び方で訳しています。

出し[訳注6]、その見つけ出したクラスのオブジェクトをそれぞれ生成するようになります。ただし、このときの条件として、検出されたクラスは第7章で見たAccountPersistenceAdapterクラス（次のコードで示すものです）のようにすべての必要な依存をコンストラクタ経由で注入できるようになっていなければなりません。

```
package buckpal.adapter.out.persistence;

import org.springframework.stereotype.Component;
import lombok.RequiredArgsConstructor;
（略）

@Component
@RequiredArgsConstructor
class AccountPersistenceAdapter implements
      LoadAccountPort,
      UpdateAccountStatePort {

  private final AccountRepository accountRepository;
  private final ActivityRepository activityRepository;
  private final AccountMapper accountMapper;

  @Override
  public Account loadAccount(
      AccountId accountId,
      LocalDateTime baselineDate) {
    （略）
  }

  @Override
  public void updateActivities(Account account) {
    （略）
  }
}
```

【訳注6】 細かく言えば、@Componentを付けて定義されているアノテーション（たとえば、@Serviceや@Controllerなど）も検出対象に含まれます。そのため、クラスに@Componentが直接的に付けられていなくても、@Serviceや@Controllerなどが付けられていれば、コンポーネントスキャンの検出対象となります。

しかしながら、このコードには、依存を注入するためのコンストラクタが記述されていません。このようなコードになっている理由は、実は、このアプリケーションにはLombokというライブラリが導入されており、そのLombokが提供する@RequiredArgsConstructorをクラスに付けることで、依存を注入するためのコンストラクタがコンパイル時に自動で生成されるようになっているからです（つまり、そのクラス内にあるfinal修飾子を付けて宣言されたフィールドを初期化するための引数を持ったコンストラクタがコンパイル時に自動で生成されることになります）。

アプリケーションが起動され、コンポーネントスキャンが実施されると、Springは@Componentが付いたクラスを検出し、その検出したクラスのコンストラクタを見に行きます。このとき、そのコンストラクタに引数があり、その引数の型もまた@Componentを付けて定義されたクラスであれば、さらにそのクラスのコンストラクタを見に行く、というようなことを繰り返していきます。最終的に、コンストラクタにそのような引数を持たないクラスにたどり着いたら、そのクラスのオブジェクトを生成し、そのオブジェクトをアプリケーションコンテキストに追加します。さらに、その生成したオブジェクトをコンストラクタの引数で受け取るようになっているクラスのオブジェクトも生成し、その新たに生成したオブジェクトもアプリケーションコンテキストに追加します。このようなことを元のクラス（今回の場合だと、AccountPersistenceAdapter）のオブジェクトを生成し、そのオブジェクトをアプリケーションコンテキストに追加するまで繰り返していきます。

このように、コンポーネントスキャンを用いることにすると、開発者が行なわなくてはならないことはアプリケーションコンテキストに追加するクラスに@Componentを付け、適切なコンストラクタを用意することだけになるため、アプリケーションの組み立てが非常に簡単に行なえるようになります。

また、Springが検出するクラスのアノテーションを開発者が定義することも可能です。たとえば、次のようにすることで、永続化アダプタを表わす独自のアノテーションとして@PersistenceAdapterを定義できます。

```
package buckpal.common;

import java.lang.annotation.Target;
import java.lang.annotation.ElementType;
import java.lang.annotation.Retention;
import java.lang.annotation.RetentionPolicy;
import java.lang.annotation.Documented;

import org.springframework.stereotype.Component;
import org.springframework.core.annotation.AliasFor;

@Target({ElementType.TYPE})
@Retention(RetentionPolicy.RUNTIME)
@Documented
@Component
public @interface PersistenceAdapter {

  @AliasFor(annotation = Component.class)
  String value() default "";
}
```

このコードは独自のアノテーションを定義するコードであり、@Componentを付けているため、コンポーネントスキャンが実施されると、@PersistenceAdapterを付けたクラスがSpringによって検出され、そのクラスのオブジェクトがアプリケーションコンテキストに追加されるようになります。そのため、永続化アダプタとなるクラスに対して@Componentの代わりに@PersistenceAdapterを付けられるようになります。このようにすることで、他の開発者たちがコードを読むとき、どのようなアーキテクチャになっているのかをより正確に把握できるようになります。

もちろん、コンポーネントスキャンにも欠点があります。その欠点とは、Springだけでしか使えないアノテーションをクラスに付けなくてはならなくなることです。そのため、このようなフレームワーク特有のアノテーションを付けることはコードを特定のフレームワークに密結合させることになるため、クリーンアーキテクチャ原理主義者の人たちからすると、許容できない実装となってしまいます。

とはいえ、通常のアプリケーション開発において、クラスに何らかのフレームワークが所有するアノテーションが付いていることは大きな問題ではなく、必要に応じて、簡単にリファクタリングできることであると本書では考えています。

一方、状況が異なり、たとえば別の開発者が使うライブラリやフレームワークを作成している場合であれば、Springのコンポーネントスキャンを用いる方法は避けるべきことになります。なぜなら、Springに依存したライブラリやフレームワークを作成することは、その作成しているライブラリやフレームワークを使うユーザーに対してSpringを導入することを強いることになるからです。

さらに、コンポーネントスキャンには、不可思議なことが起こる可能性がある、という欠点があります。ここでいう「不可思議なこと」とは、良い意味では使っておらず、原因を究明しづらい問題が起きてしまうという意味で使っています。もしこのような問題に遭遇した場合、その対応をする開発者がSpringに詳しくないのであれば、その原因を見つけ出すのに何日も費やすことになってしまいます。

このように、問題の究明が難しくなってしまう原因には、コンポーネントスキャンがアプリケーションの組み立てを具体的にどうするのかを隠してしまう技術であるということが挙げられます。なぜなら、コンポーネントスキャンを用いる場合、開発者に求められることは、コンポーネントスキャンを開始する基点（root）となるパッケージをSpringに指定し、そこから`@Component`が付いたクラスを探し出すように命じることだけであり、実際にSpringが何をするのかを開発者は明確に知ることはできないからです。

また、一般的なアプリケーションの場合、コンポーネントスキャンの対象となるクラスをすべて把握している開発者はいないと思われます。そのため、本来であれば使う想定ではなかったクラスがアプリケーションコンテキストに含まれてしまう可能性も出てきます。そして、もし、そのようなことが起こってしまうと、アプリケーションコンテキストによって生成されるオブジェクトの構成が意図しないものになってしまい、原因を見つけることが難しいエラーを引き起こすようになってしまいます。

そこで、次の10.4節からは、開発者がもう少し制御を利かせられるようになる別の方法について見ていきます。

10.4 Java Configを用いたアプリケーションの組み立て

Springが提供するアプリケーションの組み立てに関する手段において、コンポーネントスキャンを棍棒にたとえるとすると、Java Configは手術で使うメスにたとえられます。Java Configはこの章の始めのほうで見た標準のコードだけを用いたアプリケーションの組み立てと似ていますが、その組み立てを行なうためのフレームワークが提供されるため、開発者自身がすべてをコーディングしなくてもよくなり、その結果、コードベースが煩雑になることを避けられるようになります。

アプリケーションの組み立てにJava Configを用いる場合、まず、アプリケーションコンテキストに加えるオブジェクト（Javaの用語で言う「Bean」）を生成する構成コンポーネントを作成します。

たとえば、次のような構成コンポーネントを作成することで、ここに定義された永続化アダプタ、および、その永続化アダプタの依存はアプリケーションコンテキストに追加されることになります。

```
package buckpal.adapter.out.persistence;

import org.springframework.context.annotation.Bean;
（略）

@Configuration
@EnableJpaRepositories
class PersistenceAdapterConfiguration {

  @Bean
  AccountPersistenceAdapter accountPersistenceAdapter(
      AccountRepository accountRepository,
      ActivityRepository activityRepository,
```

```
      AccountMapper accountMapper){
    return new AccountPersistenceAdapter(
        accountRepository,
        activityRepository,
        accountMapper);
  }

  @Bean
  AccountMapper accountMapper(){
    return new AccountMapper();
  }
}
```

このように、構成コンポーネントとなるクラスに@Configurationを付けると、Springがコンポーネントスキャンを実施したときに、この@Configurationが付けられたクラスを構成コンポーネントとして認識して検出します。このように、Java Configを用いる場合もコンポーネントスキャンが使われますが、先ほどの10.3節で見たコンポーネントスキャンのときとは異なり、@Componentを付けたクラスを定義していなければ、@Configurationを付けたクラス内に定義されたものだけしかアプリケーションコンテキストに追加されないことになります。そのため、開発者は検出させるクラスの制御が行ないやすくなり、悪い意味での不可思議なことが起こる可能性を減らせるようになります。

一方、アプリケーションコンテキストに加えられるオブジェクトは構成コンポーネントに定義された@Beanが付けられた生成メソッドによって生成されるようになります。今回の構成コンポーネントだと、アプリケーションコンテキストに永続化アダプタ（AccountPersistenceAdapter）が追加されるようになっています。そして、この永続化アダプタはコンストラクタ経由で2つのリポジトリ（AccountRepositoryとActivityRepository）と1つのモデルを変換するオブジェクト（AccountMapper）を依存として受け取るようになっています。そのため、それらの依存を生成するメソッドも定義しておきます。こうすることで、Springは永続化アダプタを生成するメソッドを呼び出したとき、その生成メソッドの引数に定義されている依存を取得するため、その依存の生成メソッドも自動で呼び出すようになります。

しかし、この構成コンポーネントにはリポジトリ（AccountRepositoryとActivityRepository）を生成するメソッドが定義されていません。そうなると、Springはこれらのリポジトリのオブジェクトをどこから取得することになるのでしょうか？ このような場合、もし、これらのリポジトリを生成するメソッドが別の構成コンポーネントに定義されているのであれば、Springはこの永続化アダプタを生成するメソッドを呼び出すときに、これらのリポジトリのオブジェクトを生成するメソッドも自動で呼び出してくれるので、そのときに生成されたリポジトリのオブジェクトが永続化アダプタのオブジェクトを生成するメソッドの引数に渡されます。ただし、今回はリポジトリを生成するメソッド自体をコード上に記述しておらず、代わりに、@EnableJpaRepositoriesを構成コンポーネントとなるクラスに付けています。こうなっていると、SpringはSpring Data JPAを用いて定義したリポジトリのオブジェクトを自動で生成し、そのオブジェクトを永続化アダプタの生成メソッドに提供するようになります。というのも、Springはこの@EnableJpaRepositoriesが付いたクラスを見つけると、開発者がSpring Data JPAを用いて定義したリポジトリのインターフェイスからその定義に基づいた処理を実装したオブジェクトを自動で生成するようになっているからです。

もし、Spring Data JPAをすでに使ったことのある読者であれば知っているかもしれませんが、この@EnableJpaRepositoriesを構成コンポーネントに付けるのではなく、アプリケーションを起動するmainメソッドを持つクラスに付けることも可能です。ただし、そのようなことをした場合、アプリケーションを立ち上げるたびにSpring Data JPAを用いて定義したすべてのリポジトリのオブジェクトが生成されることになります。そして、この処理はテストの際にそのようなリポジトリを必要としない場合であっても実行されることになります。そのため、このような**機能に関するアノテーション**を、mainメソッドを持つクラスではなく、個別のモジュール（ここでは、構成コンポーネント）に移すことで、より柔軟な対応を行なえるようになります。

そこで今回は、永続化アダプタの構成コンポーネントとなるPersistenceAdapterConfigurationクラスを用意し、そこに永続化処理で必要となる永続化アダプタを厳選して、それらのオブジェクトを生成するメソッドを定義しました。この構成コンポーネントはSpringのコンポーネントスキャンによって自動的に検出されることになりますが、ここではJava Configを用いているため、永続化アダプタやその依存など、どのオブジェクトをアプリケーションコンテキストに追加するのか、ということを開発者が完全に制御できることになります。

これと同じことをWebアダプタやアプリケーション層内の特定のオブジェクトにも適用させることができます。そうすると、テスト時はテスト対象となるクラスのオブジェクトには実際のオブジェクトを生成させ、テスト対象ではないクラスのオブジェクトにはモックを生成させるような構成コンポーネントを用意しておくことで、柔軟にテストを行なえるようになります。さらに、このような構成コンポーネントを独自のコードベースやパッケージ、さらにはJARファイルの中に抽出することにしたとしても、大規模なリファクタリングを必要とすることなく、構成コンポーネントを用いたオブジェクトの生成を実現できます。

加えて、Java Configを用いるアプリケーションの組み立ては、前述の10.3節で見たコンポーネントスキャンの場合とは異なり、コードベースのいたるところに`@Component`を記述するようなことをしなくても済むようになります。そのため、アプリケーション層のコードをSpringの関心事（もしくは、同じような機能を提供する他のフレームワークの関心事）で汚さなくても済むようになります。

ただし、Java Configを用いてアプリケーションを組み立てるときにも気をつけなくてはならないことはもちろんあります。その中の1つは、もし構成コンポーネントが生成対象のクラスと同じパッケージ（今回の場合だと、永続化アダプタのクラスが置かれているパッケージ）に含まれていない場合、生成対象のクラスに対して`public`を付けて、他のパッケージからアクセスできるようにしなければならないということです。もしパッケージ構成とアクセス修飾子を用いて構成要素間の境界を制限したいのであれば、構成コンポーネントに定義する生成対象となるクラスをパッケージプライベートで作成し、そのクラスと同じパッケージにその構成コンポーネントも配置しなければならないことになります。つまり、この場合は、サブパッケージを用いて境界を制限することはできないことになります（このことについては第12章で詳しく見ていきます）。

10.5 この章がどのように保守のしやすいソフトウェアを組み立てる際の助けとなるのか？

Spring（もしくは、同様のフレームワーク）はアプリケーションの開発を容易にする様々な機能を提供してくれます。その中でも特に重要な機能は開発者が作成したクラスを組み合わせてアプリケーションを構築できるようにするものです。

そのような機能の1つであるコンポーネントスキャンはアプリケーションの組み立てを容易にする非常に便利な機能です。なぜなら、開発者はSpringに対してどのパッケージからコンポーネントスキャンを行なうのかを指定するだけで、Springが自動的に必要なクラスを見つけ出し、その見つけ出したクラスのオブジェクトを組み合わせてアプリケーションを構築してくれるからです。その結果、開発者はアプリケーションを動かすのに必要なことをすべて考えなくてもよくなり、速やかに開発を始められるようになります。

しかし、コードベースが時間と共に成長してしまうと、コンポーネントスキャンを用いたアプリケーションの組み立てでは、アプリケーションが意図したようなオブジェクト構成になっていることに自信を持てなくなってしまいます。言い換えると、どのクラスのオブジェクトがアプリケーションコンテキストに含まれるのかを正確に把握できなくなってしまうのです。加えて、テストの際に、アプリケーションコンテキストの一部だけを隔離して起動することが簡単にはできなくなってしまいます。

そこで、アプリケーションの組み立てを責務とする構成コンポーネントを用意し、その構成コンポーネントにアプリケーションを組み立てる責務を課すことができれば、この責務をアプリケーションのコードから取り除けるようになります（SOLID原則の「S」が何を指しているのかを思い出し、「変更する理由」について考えてみてください）。こうなると、凝集度の高いクラスを集めたモジュールを定義できるようになり、そのモジュールを他のモジュールから隔離して動かすことやコードベースの別の場所に移すことが簡単に行なえるようになります。しかし、何にでもトレードオフがあるように、このメリットを得るためには、構成コンポーネントを保守するためのコストが課せられることになります。

この第10章と前章の第9章では、クリーンなアーキテクチャを正しく実現するための様々な選択肢について見てきました。場合によっては、この正しさを追求できない場合があります。そこで、次の第11章では、短絡的な実装をすることによって課せられるコストについて見ていき、どのような場合に、そのコストをあえて請け負うほうがより優れた結果をもたらせることになるのかを考えていきます。

11

短絡的な実装への意図した選択

本書の「まえがき」では、開発者たちは常に短絡的な実装をすることを強いられており、莫大な技術的負債を積み上げてしまったとしても、それを返済する機会は決して訪れることはない、というソフトウェア開発の問題について簡単に触れました。

ソフトウェア開発において、短絡的な実装をしなくても済むようにするには、そもそも何が短絡的な実装なのかを開発者は認識できなくてはなりません。そこで、この章では、短絡的な実装にはどのようなものがあるのかを見ていき、そのような短絡的な実装を取ることでどのような影響が出るのかについて考えていきます。

開発者はこのような知見を得ることで、短絡的な実装を間違って行なっている箇所を認識できるようになり、その間違いを修正できるようになります。一方で、短絡的な実装を行なうことで得られる価値のほうが本来正しいとされる実装にかかるコストよりも大きい場合、あえて、その短絡的な実装を選択することもあります[1]。

11.1　ソフトウェア開発における短絡的な実装と割れ窓理論の類似点

1969年、心理学者のPhilip Zimbardo氏はのちに割れ窓理論[2]として知ら

【1】 ここで想像してほしいのが、意図して短絡的な手段を選択することについて書かれている建設工学や航空電子工学に関する本を読んだ場合です。もし、そのような本を読んで短絡的な手段が持ち込まれていることを知ったあとに、超高層ビルの最上階に行くことや飛行機に乗ることになった場合、そのことに抵抗を感じない人はいるのでしょうか？　しかしながら、ほとんどのソフトウェアは超高層ビルや飛行機と同等の安全性が求められることはありません。しかも、ソフトウェアはハードウェアよりも柔軟性があるため（つまり、ソフトであるため）、ハードウェアよりも変更が簡単です。そのため、場合によっては、プロジェクトが始まった頃は、短絡的な実装を意図して選択し、あとで、その部分を修正する（もしくは、現状維持でも問題ないのであればそのまま放置する）、という戦略を取るほうが最終的にコストが少なくなることもあります。

【2】 James Q. Wilson・George L. Kelling「Broken Windows」1982年3月
https://www.theatlantic.com/ideastour/archive/windows.html

れる仮説を検証するために、ある実験を行ないました。

その実験とは、ナンバープレートのない1台の車を治安が悪い地域（ニューヨーク州ブロンクス）に駐車し、同じようなナンバープレートのないもう1台の車を比較的に治安が良いとされている地域（カリフォルニア州パロアルト）に駐車し、それらの車を観察する、というものでした。

この実験の結果、治安が悪い地域に駐車した車は1日も経たないうちに高価な部品が奪い取られ、様々なところが壊されてしまいました。

一方、治安が良い地域に駐車した車は何も起こらないまま1週間が過ぎました。そこで、Zimbardo氏はその車の窓を割って、その実験を継続したところ、その車は1日も経たないうちに治安が悪い地域に駐車した車と同じ運命をたどることになりました。

興味深いことに、その車から部品を奪い取ったり、壊したりした人たちは様々な社会的階級の人たちが含まれており、その中には、通常であれば、法律を遵守し、適切に振る舞う市民も含まれていました。

このような人間の振る舞いはのちに**割れ窓理論**として知れ渡ることになりました。この理論を私の言葉で説明すると次のようになります。

> もし、まったく手入れがされていなかったり、様々なところが壊れていたりするひどい状態の何かを見ると、人間の脳はその何かに対して雑な扱いをしたり、さらに壊したりしても問題がないと判断するようになっている。

そして、この理論は私たちの日常にも多くのことが当てはまります。

- 放置された車の部品が盗まれたり、壊されたりすることが頻繁に起こる治安が悪い地域にいると、そのような行ないをすることに対して罪悪感を抱かなくなる。
- もし、放置された車の窓が割れていると、その車をさらにひどい状態にすることへの罪悪感はさらに薄れる。このことに関しては治安が良い地域であっても同じである。
- 部屋を散らかしたたままの生活に慣れてしまうと、洗濯物をタンスにしまわず、ソファーの上にそのまま放置しておくことに罪悪感を抱かなくなる。
- 授業中に騒がしい生徒がいる教室にいると、他の生徒も騒がしくすることに罪悪感を抱かなくなる。

さらに、この割れ窓理論をソフトウェア開発の観点で考えると、次のようになります。

- 質の低いコードベースで作業していると、質の低いコードをさらに追加することに対して罪悪感を抱かなくなる。
- コーディング規約に反したコードがたくさん存在するコードベースで作業していると、コーディング規約に反したコードをさらに追加することに対して罪悪感を抱かなくなる。
- 短絡的な実装が多いコードベースで作業していると、短絡的な実装をさらに加えることに対して罪悪感を抱かなくなる。

このことを考慮すると、多くの「レガシー」と言われるコードベースが時間と共になぜ品質が落ちていくのか、という理由を想像できるのではないでしょうか？

11.2　クリーンな状態で開発を始めることの重要性

たしかに、コードを書くことと車の部品を盗むことはまったく違うことなのですが、開発者であれば誰もがこの割れ窓理論に当てはまるようなことを無意識のうちに行なっている可能性があります。このことを考慮すると、プロジェクトが始まったときから短絡的な実装や技術的負債となるようなコードを可能なかぎり持ち込まないようにし、クリーンなアーキテクチャにすることがいかに重要なのかを想像できるかと思います。一方、それとは逆に、質の低いコードをコードベースに持ち込んでしまうと、割れ窓理論のように、コードベースはすぐに質の低いコードで埋め尽くされてしまうことも理解できると思います。

ソフトウェア開発は非常にコストがかかるものであり、長期にわたって行なわれることがよくあります。そのため、ソフトウェアの開発者にとって非常に重要な責務は、割れた窓をそのままにしておかないということになります。とはいえ、開発者の中には、ソフトウェアの完成まで携わらず、途中で他の開発者に自身の作業を引き継いでもらうような参加の仕方になる人も珍しくはありません。このような場合だと、開発するソフトウェアに対して愛着も責任感も持つことはないため、コードベースに対して新たに窓を割るようなことをしても、まったく罪悪感を抱かない開発者も残念ながら出てきます。

とはいえ、扱っているコードがプロジェクト全体で見たときに重要ではない場合、もしくは作業しているものがプロトタイプである場合、さらには、費用対効果のことを考慮した結果などの理由で短絡的な実装を選択することがより現実的な選択肢となることもあります。

ただし、このような短絡的な実装を意図して加えるのであれば、たとえば、Michael Nygard氏が彼のブログで提唱したアーキテクチャ意思決定記録(Architecture Decision Record：ADR)[3]を用いるなどして、そのことを資料として残すことを考えるべきです。なぜなら、そのような短絡的な実装を意図して加えたことに対して、私たち開発者は未来の自分たちや私たちのあとを引き継ぐ開発者たちにその理由を伝える責任があるからです。そして、もし、その開発に携わっている開発者が全員その資料の内容を把握しているのであれば、短絡的な実装が意図的かつ正当な理由で行なわれたことがわかるため、考えもなく短絡的な実装をしようとする気持ちを抑えられるようになるはずです。

そこで、次の11.3節からは、サンプル用アプリケーションが採用しているヘキサゴナルアーキテクチャにおいて短絡的な実装を選択するケースにはどのようなケースがあるのか見ていきます。そして、そのような場合に短絡的な実

【3】 Michael Nygard「Documenting Architecture Decisions」2011年11月15日
http://thinkrelevance.com/blog/2011/11/15/documenting-architecture-decisions

装を行なうと、どのような効果を得られるのか、その逆に、どのような問題を抱えることになるのかを考えていきます。

11.3　ユースケース間でのモデルの共有

本書の第5章では、ユースケースが異なれば、異なる入力モデルや出力モデルを持つべきである、つまり、**入力値や戻り値の型は異なるモデルにすべきである**ということを述べました。

その逆に、もし、2つの異なるユースケースで同じ入力モデルを共有すると、図11.1で示すような構造になります。

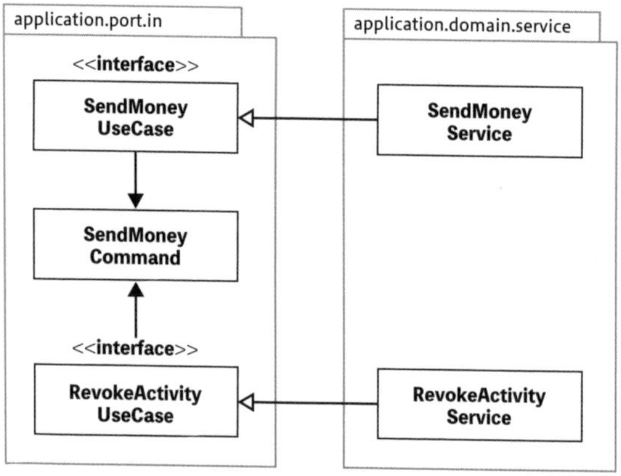

図11.1　異なるユースケース間で入力モデルや出力モデルを共有することは、それらのユースケースを密結合させることになる

図11.1では、入力モデルとなるSendMoneyCommandクラスがSendMoneyUseCaseインターフェイスとRevokeActivityUseCaseインターフェイスによって共有されています。そのため、これら2つのユースケースは強く結び付いてしまうため、もし、共有されている入力モデル（SendMoneyCommand）に対して何ら

かの変更が加えられると、これら2つのユースケースはその変更による影響を何かしら受けることになります。つまり、これらのユースケースは単一責任の原則における「変更する理由」を共有していることになるのです（単一責任の原則については、第3章で「単一の変更する理由の原則」に変えたほうがよいのではないのかと述べたことを思い出してください）。そして、このことと同じことが出力モデルを共有する場合でも起こります。

もし2つのユースケースが異なるものであっても、両方のユースケースが機能的につながっているのであれば、（つまり、これら2つのユースケースで満たさなくてはならない要求がお互いに深く関係しているのであれば）、入力モデルや出力モデルを異なるユースケース間で共有することが現実的な選択肢となることもあります。なぜなら、両方のユースケースのあいだにそのような深い関係があるのであれば、要求の詳細が変わることによって、その影響が両方のユースケースに出るのが望ましいからです。

一方、もし、それらのユースケースがそれぞれ個別に進化するものであれば、入力モデルや出力モデルを共有することは避けるべき短絡的な実装となってしまいます。このような場合であれば、最初から異なる入力モデルや出力モデルを使って、お互いに影響を与えないように努めなければなりません。このことは、まったく同じコードを入力モデルや出力モデルに対してユースケースごとに書くことになっても行なわなくてはならないことになります。

そのため、同じような概念を扱うユースケースが複数あり、それらのユースケースに対して入力モデルや出力モデルを共有させるのであれば、開発者は定期的に、それらのユースケースをそれぞれ個別に進化させなくてもよいのか、ということを自問すべきです。そうすることで、各ユースケースが個別に進化することになったときに、共有していた入力モデルや出力モデルをユースケースごとに分けるといった判断を速やかに下せるようになります。

11.4 入力モデルもしくは出力モデルとしてのドメインエンティティの使用

ドメインエンティティにAccountクラスがあり、受信ポートにSendMoneyUseCaseインターフェイスがある場合、図11.2で示すように、そのドメインエンティティが受信ポートの入力モデルや出力モデル（もしくは、その両方）に使われることがあります。

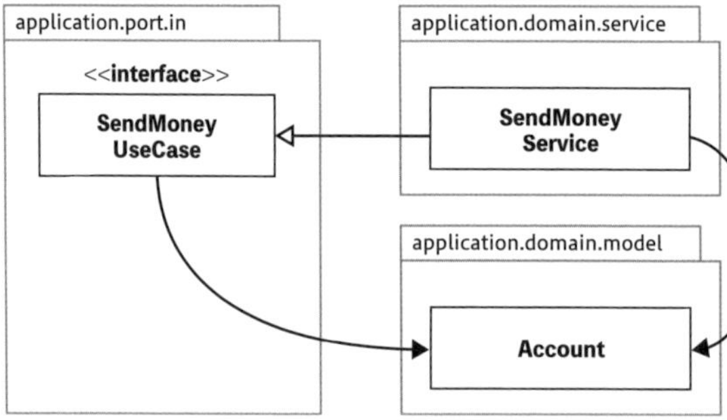

図11.2　ユースケースの入力モデルや出力モデルにドメインエンティティを使うと、ドメインエンティティとユースケースが密結合してしまう

このようにドメインエンティティを受信ポートに依存させてしまうと、そのドメインエンティティは新たな「変更する理由」を持つことになってしまいます。

しかし、ドメインエンティティであるAccountクラスは受信ポートであるSendMoneyUseCaseインターフェイスに依存しているわけではないため（ただし、逆方向には依存しています）、受信ポートの変更がどうしてドメインエンティティの「変更する理由」になるのか疑問を持つ読者もいるかと思います。

そこで、想像してほしいのが、現在のAccountクラスには含まれていない口座に関する何らかの情報がそのAccountクラスを使っているユースケースで必要となり、さらに、その情報はAccountクラスではなく、別のドメイン（もしくは、別のコンテキスト）に含まれている場合です。このような場合、Account

クラスをすでにSendMoneyUseCaseインターフェイスで使っているため、開発者は新たなフィールドをAccountクラスに追加し、その情報を持たせてしまう傾向があります。

もし、ユースケースが単純なデータの登録（Create）や更新（Update）しか扱わないのであれば、そのドメインエンティティはデータベースに格納しなくてはならない情報を過不足なく持っているため、ユースケースにドメインエンティティを持たせても特に問題にはならないでしょう。

しかしながら、ユースケースが成長してデータベースに格納しない情報も扱うようになり、より複雑なビジネスロジックを扱うことも要求されてくると（その結果、ビジネスロジックの一部をドメインエンティティに委譲させる必要が出てくるのであれば）、ユースケースを表わすインターフェイスに対して専用の入力モデルや出力モデルを用意することを考えなければならなくなります。なぜなら、そうしないと、ユースケースの変更が原因でドメインエンティティまで変更することになってしまうからです。

このように、最初は問題がないと思われていた短絡的な実装があとで問題になるのは珍しいことではありません。特に多いのが、最初の頃は単純なデータの登録や更新しか行なっていなかったユースケースが、時間の経過と共に、複雑なビジネスロジックを扱うようになっていく場合です。このようなことは、最小限の価値しか持たないプロダクトを最初に構築し、あとで複雑さを徐々に追加していくアジャイルな開発をしている場合によく起こります。そのため、もし初期段階において、ドメインエンティティを入力モデルや出力モデルとして使うことに決めたのであれば、プロダクトの成長と共に、そのドメインエンティティを特定のユースケースでしか使われない入力モデルや出力モデルに置き換える必要が出てくる可能性を意識しておき、その置き換えのタイミングを見極められるようにしておくことが重要になります。

11.5 受信ポートの省略

送信ポートのインターフェイスはアプリケーション層から送信アダプタに向かう依存の方向を反転させる（つまりは、依存の方向を内側に向ける）役割を担うものであるため、送信ポートが必要であることは理解できますが、受信ポートに関しては依存の向きを反転させる必要はないため、あえて、そのような受信ポートを用意する必要はないように思えます。そのため、図11.3に示すように、受信アダプタが受信ポートを介さずに、直接、アプリケーション層のサービスを呼び出すような実装を選択することがあります。

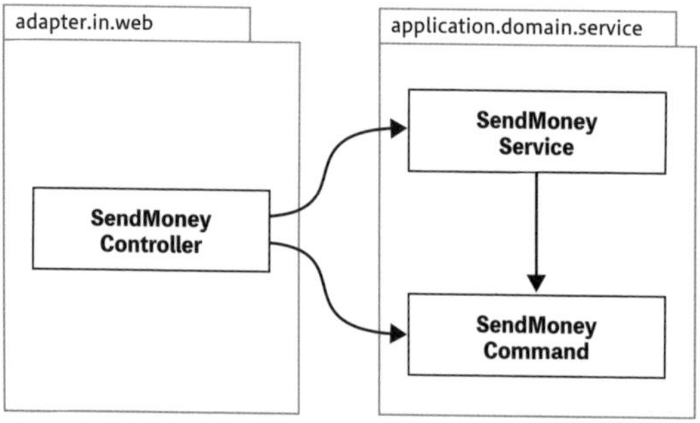

図11.3　受信ポートを介さないようにした場合、ビジネスロジックへの入り口がどこなのかがわかりづらくなる

このように、受信ポートを取り除くと、受信アダプタとアプリケーション層とのあいだにあった抽象化層がなくなり、抽象化層が1つ減ることになります。そして、抽象化層が減ること自体は一般的に好ましいことだとされています。

しかし、受信ポートは、アプリケーションの核への入り口がどこなのかを示す役割を担っているため、受信ポートを取り除いてしまうと、目的のユースケースを実施させるためには、開発者がアプリケーションの内部構造を理解して、どのサービスのどのメソッドを呼び出さなくてはならないのかを把握していることが必須となります。一方、専用の受信ポートが存在していれば、どこがアプリケーションの入り口なのかをすぐに認識できます。このように受信ポートを受信アダプタとアプリケーション層とのあいだに配置することで、（特に、新しくプロジェクトに参加した開発者にとって）コードベースがどのような構造になっているのかを理解しやすくなります。

この他にも、受信ポートを設けることで意図しているアーキテクチャを強制しやすくなるというメリットがあります。第12章で見るアーキテクチャ内の境界を維持するための戦略を用いれば、受信アダプタはアプリケーションの核内にあるサービスを直接呼び出せなくなるため、受信ポートを呼び出すことでしかサービスの実行ができなくなります。こうすることで、受信アダプタからアプリケーションの核への呼び出しはすべて受信ポートに定義されたメソッドに対してのみ行なわれるようになり、間違ってサービスに定義されたメソッドを直接呼び出してしまうようなことを防げるようになります。

たしかに、アプリケーションが非常に小さい場合や受信アダプタが1つしかない場合であれば、受信ポートがなくても開発者は制御フローを完全に把握できるため、受信ポートがないほうがアプリケーション全体を理解するのに好ましいことがあります。しかしながら、そのアプリケーションが永遠に小さいままである、もしくは、受信アダプタを複数持つことは永遠にない、などと断言できることは滅多にありません。

11.6　サービスの省略

ユースケースによっては、図11.4に示すように、サービスを完全に取り除き、受信ポートを送信アダプタに直接実装させることがあります。

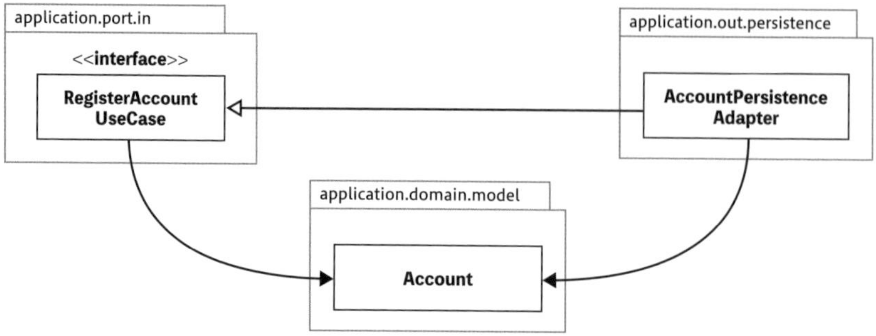

図11.4　サービスが省略されると、そのユースケースを表現するものがコードベースからなくなる

ここでは、本来であれば、受信ポート（RegisterAccountUseCase）を実装するはずのサービスが省略されており、代わりに、送信アダプタ（AccountPersistenceAdapter）がその受信ポートを実装しています。

単純なCRUD（Create、Read、Update、Delete）操作しか行なわないユースケースの場合、サービスはビジネスロジックを扱わず、永続化アダプタの呼び出ししか行なうことがなくなります。そのため、ユースケースにサービスを経由させて永続化アダプタを呼び出させるのではなく、永続化アダプタにユースケースを直接実装させて、そのまま永続化処理を実行させるという選択肢が考えられるようになります。

ただし、このような設計にしてしまうと、受信アダプタと送信アダプタは入力モデルや出力モデルとしてドメインエンティティ（今回の場合だとAccountクラス）を共有することになります。そのため、サービスを省略することは、結果的に前述したドメインエンティティを入力モデルとして使うことと同じ問題を抱えることになってしまいます。

このことに加え、アプリケーションの核にはユースケースを表現するものがなくなってしまいます。そうなると、CRUD操作しか行なわない想定だったユースケースに対して、あとから複雑なビジネスロジックを加えることが決まった場合、そのユースケースはすでに送信アダプタに実装されているため、新たなビジネスロジックも送信アダプタのコードに追加されてしまうことが想像できます。そして、このようなことが何度も行なわれてしまうと、ビジネスロジックがいたるところに散在するようになり、その結果、ビジネスロジックを見つけることが難しくなり、さらに保守することも難しくなります。

結論として、ユースケースが単純なCRUD操作しか行なわないのであれば、送信アダプタにそのユースケースを実装させることで、サービスを通りすぎるだけのボイラープレートコードを記述せずに済むようにするという判断も下せるようになります。とはいえ、そのような判断を下したのであれば、そのユースケースが単純なCRUD操作よりも複雑なことを行なうことが求められたとき、速やかにそのユースケースを実装したサービスを追加し、そのサービスに永続化アダプタで実装したユースケースのロジックを移行できるようにしておかなければなりません。そして、そのことに関する指針を事前に用意しておき、その指針の内容を開発者全員が認識していなければなりません。

11.7　この章がどのように保守のしやすいソフトウェアを構築する際の助けとなるのか?

状況によっては、短絡的な実装がコスト削減の観点において合理的な判断として評価できる場合はあります。そのため、この章では、短絡的な実装をするか否かを判断する際の助けとなるように、短絡的な実装をすることでどのような結果になることが想定できるのかについて見てきました。

その結果、単純なCRUD操作しか行なわないユースケースであれば、完全なヘキサゴナルアーキテクチャを構築することは必要以上の手間と時間がかかるため、短絡的な実装を選択する可能性があることを見てきました（そして、このような場合であれば、短絡的な実装であっても問題にはなりません）。また、ほとんどのアプリケーションは小さなアプリケーションとして最初は始まったとしても、あとでより複雑なユースケースに対応するように要求されることは珍しくはないため、そのような場合に何をすべきなのかをチーム内で共有しておくことが開発チームにとって重要になることも見てきました。このような指針がチーム内で共有されていないと、短絡的な実装を取り除き、新たに保守のしやすいアーキテクチャの実装に置き換えることが速やかに行なえなくなってしまうことも見てきました。

とはいえ、ユースケースの中には、いつまでも単純なCRUD操作だけしか行なわないものもあります。このようなユースケースであれば、保守にかかる負担があまりないため、短絡的な実装を維持することがより現実的な場合もあります。

結局のところ、アーキテクチャについての説明と短絡的な実装を選択した理由については、どのような場合であれ、何らかの資料に残しておくべきです。そうすることで、あとで、その選択が正しかったのかどうかを未来の自分たち（もしくは、そのプロジェクトを引き継ぐ人たち）が再び評価することになったとき、その資料を有用な情報として使うことができます。

このように、短絡的な実装は場合によっては有効な手段として受け入れられることもありますが、その判断を下すのであれば、その前に様々なことをきちんと考慮しておかなければなりません。そして、開発者は短絡的な実装を正当な実装と判断して、その実装を行なったのであれば、その経緯を資料として残しておかなくてはなりません。なぜなら、後々、その短絡的な実装を取りやめるのか否かを判断する際に、その資料が正しい判断を下すための材料となるからです。それでは、次の第12章で、選択したアーキテクチャの形を強制的に維持するにはどうするのかについて見ていきましょう。

12

アーキテクチャ内の境界の維持

これまで本書では、アーキテクチャについて様々なことを学び、選択したアーキテクチャによってどのような実装を行ない、その実装したものをどこに配置するのかが自然と決まることによるメリットについて見てきました。

ソフトウェア開発の規模が大きくなっていくと、そのソフトウェアに採用されたアーキテクチャは徐々に崩れていく傾向があります。その結果、各層の境界が曖昧になったり、テストしにくくなったり、新たな機能を追加するのにより多くの時間を要するようになったりします。

そこで本章では、ヘキサゴナルアーキテクチャ内の境界をどのように維持するのか、そして、そのようにすることで、どのようにしてアーキテクチャの崩壊を食い止められるようになるのかを見ていきます。

12.1　境界と依存

まずは、アーキテクチャ内の境界を維持するためのいくつかの方法を見ていく前に、ヘキサゴナルアーキテクチャにおいて境界はどこにあるのか、そして、「境界を維持する」とは実際にはどのような意味なのかについて見ていきます。

図12.1で示しているのは、ヘキサゴナルアーキテクチャを構成する要素がそれぞれどのように4つの層に配置され、アプリケーションを機能させているのかということです。この図を見ると、第3章で見たクリーンアーキテクチャの説明でよく用いられる図と同じような構造になっていることがわかります。

ヘキサゴナルアーキテクチャでは、一番内側にある層はドメイン層であり、そのドメイン層には、ドメインエンティティやドメインサービスが配置されます。そして、そのドメイン層のまわりをアプリケーション層が囲んでおり、そのアプリケーション層に受信ポートと送信ポートに加え、ユースケースを実現するためのアプリケーションサービスが配置されます。通常、ドメイン層のドメインエンティティやドメインサービスはアプリケーション層のアプリケーションサービスを介して呼び出されます。さらに、アプリケーション層のまわりをアダプタ層が囲んでおり、アダプタ層には受信アダプタと送信アダプタが配置されます。受信アダプタはアプリケーション層にある受信ポートを介してサービスを呼び出す一方、送信アダプタはアプリケーション層にある送信ポートを介してサービスから呼び出されるようになっています。最後に、アダプタ層を囲む一番外側の層として構成層があり、構成層には各アダプタやサービスのオブジェクトを生成するファクトリが配置されます。そして、構成層で依存注入を用いたオブジェクトの組み立てが行なわれます。

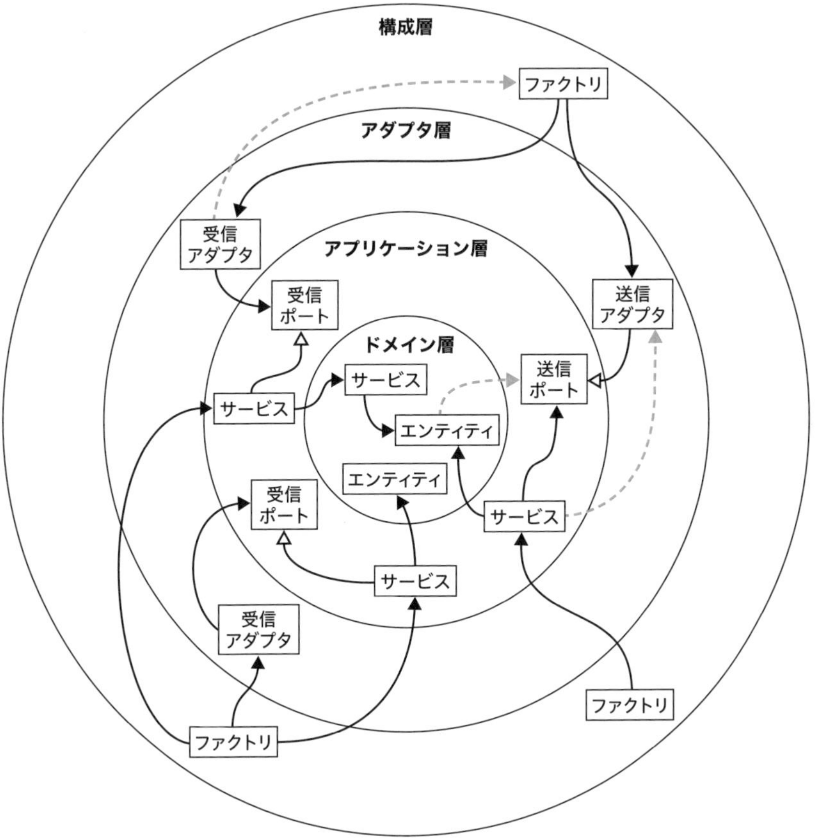

図12.1　アーキテクチャ内の境界を維持することは、依存が正しい向きで行なわれることを遵守させることと同義である。図内の破線の矢印はヘキサゴナルアーキテクチャにおいて間違った方向への依存を示している

図12.1では、アーキテクチャ内の境界はかなり明確になっており、各層は内側の層や外側の層（もしくはその両方の層）とのあいだに境界を持っています。そして、層の境界を越えて依存する場合、常に内側に向かって依存することが依存のルールとして定められています。

この章では、この依存のルールを遵守できるようにアーキテクチャの境界を維持するにはどうすればよいのかについて見ていきます。逆に言えば、間違った方向への依存（この図における破線の矢印）が行なえないようにするにはどうすべきかについて考えていきます。

12.2 アクセス修飾子を用いた境界の維持

まずは、一般的なオブジェクト指向言語（特に、Java）において境界を維持するための最も基本のツールとなるアクセス修飾子について見ていきましょう。

私は、ここ何年か前から、開発経験が少ない就職希望者との面接においてアクセス修飾子について質問するようにしています。そして、どのようなアクセス修飾子がJavaにはあるのか、そして、それらのアクセス修飾子にはどのような違いがあるのかを就職希望者に述べてもらうようにしています。

ほとんどの就職希望者は`public`、`protected`、`private`をアクセス修飾子として挙げますが、パッケージプライベート（もしくは、デフォルトのアクセス修飾子）を挙げる人はほとんどいません。このような場合、私は就職希望者に対して、なぜ、このようなアクセス修飾子が存在するのかをたずねることにしています。なぜなら、そのような質問をすることで、その就職希望者が今まで学んできたことの中からどのように答えを導き出すのかを見ることができる絶好の機会だからです。

それでは、なぜパッケージプライベートが重要な役割を担うアクセス修飾子となるのでしょうか？　その理由は、Javaのパッケージを用いて関係性の強いクラスをまとめることで、凝集度の高いグループを作り上げられることにあります。こうすることで、パッケージ内のクラス同士はお互いにアクセスできても、パッケージの外からはアクセスできないようにすることができます。そして、そのモジュールへの入り口となる型を用意し、その型だけをpublicで宣言すれば、依存のルールに反した間違った方向への依存を減らせるようになります。

それでは、第4章で見たパッケージ構成を、今回はアクセス修飾子を意識して、もう一度見てみましょう（図12.2）。

```
buckpal
├── adapter
│   ├── in
│   │   └── web
│   │       └── o SendMoneyController
│   └── out
│       └── persistence
│           ├── o AccountPersistenceAdapter
│           └── o SpringDataAccountRepository
├── application
│   ├── domain
│   │   ├── model
│   │   │   ├── + Account
│   │   │   └── + Activity
│   │   └── service
│   │       └── o SendMoneyService
│   └── port
│       ├── in
│       │   └── + SendMoneyUseCase
│       └── out
│           └── + UpdateAccountStatePort
└── common
```

凡例
o：public
+：パッケージプライベート

図12.2　アーキテクチャの構成要素を意識したパッケージ構成

まず、このパッケージ構成で目を向けてほしいのは、アダプタ層に関するパッケージに格納されているクラスで、ここに格納されるクラスはパッケージプライベートになるようにしています（クラス名の先頭にある「o」はパッケージプライベートであることを示しています)【訳注1】。なぜなら、アダプタ層内のクラスはアダプタ層の外から直接アクセスされる必要がないからです。たとえば、永続化アダプタに処理をさせたいのであれば、送信ポートを呼び出すことで永続化アダプタが呼び出されるようにしておきます。同じ理由で、ドメインサービスのSendMoneyServiceクラスもパッケージプライベートにしています。そうなると、パッケージプライベートなクラスからそのパッケージの外でどのようにしてオブジェクトを生成するのか、という疑問が出てくると思いますが、通常、依存注入を扱うフレームワークはリフレクションを用いてオブジェクトを生成するようになっています。そのため、それらのクラスがパッケージプライベートで宣言されていても、オブジェクトの生成は可能になります。

ただし、Springを用いている場合、この方法が使えるのは第10章で見たコンポーネントスキャンを用いてアプリケーションの組み立てを行なっている場合だけです。もし、アプリケーションの組み立てに別の方法を用いているのであれば、開発者自身が現在パッケージプライベートで宣言されているクラスのオブジェクトを生成しなくてはなりません。そして、その場合は、これらのクラスをpublicに変えて宣言し直す必要が出てきます【訳注2】。

一方、ドメインモデルとポートはすべてpublicとなるように宣言しています(クラス名およびインターフェイス名の先頭にある「+」はpublicであることを示しています)。なぜなら、このアーキテクチャにおいては、ドメインモデルは他の層からアクセスされるようにし、アプリケーション層はポートを介することでしかアダプタ層にあるWebアダプタと永続化アダプタとのやり取りをできないようにしたいからです。

【訳注1】 Spring Data JPAを用いてリポジトリを作成する場合はインターフェイスを定義することになるため、自動的にpublicになってしまいます。もし、Spring Data JPAを使わず、クラスとして定義するのであれば、リポジトリもpersistenceパッケージの外からアクセスされる必要がないため、パッケージプライベートにすることが可能になります。

【訳注2】 開発者自身がリフレクションを用いてオブジェクトを生成することは技術的には可能ですが、費用対効果やリスクを考えた場合、そのようなことをするよりもpublicを付けてクラスを宣言するほうが妥当であるという観点で、「publicで宣言する必要」がある、としています。

パッケージプライベートを用いて境界を維持することはパッケージ内に含まれるクラスがそこまで多くない小規模なモジュールの場合に特に効果的です。ただし、そのアプリケーションが成長して、パッケージに含まれるクラスが増えてくると、そのパッケージにどのようなクラスがあるのかを把握することが難しくなります。このような場合、私はサブパッケージを作成し、目的のコードを見つけやすくしますが（このような整理を行なうのは、もちろん、私の美学を満たすためでもあります）、Javaの場合、サブパッケージは異なるパッケージとして認識されるため、サブパッケージ内のクラスにアクセスできなくなってしまいます。そうなると、サブパッケージのクラスを`public`で宣言するように修正して、他のパッケージからもアクセスできるようにしなければならなくなります。しかし、そのようなことをすると、今度はパッケージプライベートの効果が失われてしまい、その結果、間違った方向への依存が可能になり、アーキテクチャが脆弱になってしまいます。

12.3 適応度関数の活用：コンパイル後の検証

クラスを`public`で宣言してしまうと、そのクラスが他のクラスから間違った方向で依存されることをコンパイラでは防げなくなってしまいます。そうなると、コンパイラに頼ることはできなくなるため、アクセス修飾子とは別の方法で依存のルールが遵守されていることを保証しなくてはなりません。

このような場合に使えるのが**適応度関数**（fitness function）の導入です。この適応度関数とは、採用しているアーキテクチャを入力値として、特定の条件（今回の場合だと、依存のルールが遵守されているのか）に関してその適用度を判断するものです。

理想なのが、コンパイル時にコンパイラが適応度関数を実行することなのですが、それができない場合は、すでにコンパイルされたコードに対して適応度関数を実行するようにします。このような場合、この種の検証を継続的インテグレーション（Continuous Integration：CI）の中でビルド時に自動的に実施されるテストの1つにしてしまうのが最も効果を発揮します。

Java環境で、このような検証を可能にするツールにArchUnit[1]があります。このArchUnitは、依存が意図している方向に向いているのかを検証するためのAPIを提供しており、もし、意図した方向とは異なる方向への依存を見つけると、例外を発生させるようになっています。このような検証はJUnitなどの単体テストのフレームワークを用いたテストの中で実施されるようにし、もし依存のルールに反した依存があれば、そのテストを失敗させることで依存のルールが遵守されているのか否かを簡単に検証できるようになります。

ArchUnitを用いれば、前述のパッケージ構成（各層が自身のパッケージを持つようにした構成）において、間違った方向への依存が行なわれていないことを検証できるようになります。たとえば、ドメインモデルが外の層に依存していないことを検証するには、次のようなテストを作成します。

```
class DependencyRuleTests {

  @Test
  void domainModelDoesNotDependOnOutside() {
    noClasses()
        .that()
        .resideInAPackage("buckpal.application.domain.model..")
        .should()
        .dependOnClassesThat()
        .resideInAnyPackage(
            "buckpal.application.domain.model..",
            "lombok..",
            "Java..")
        .check(new ClassFileImporter()
            .importPackages("buckpal.."));
  }
}
```

このテストが検証している依存のルールを図12.3に図示します。

【1】 TNG/ArchUnit | GitHub
https://github.com/TNG/ArchUnit

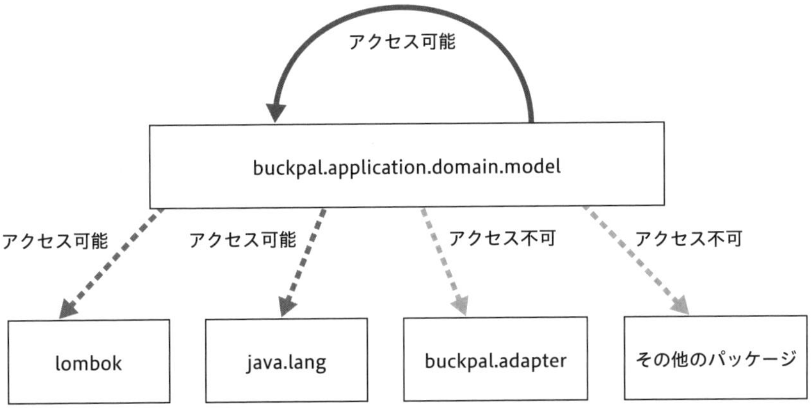

図12.3　ドメインモデルは自分自身と使用しているライブラリのパッケージにアクセスすることはできるが、その他のパッケージ（たとえば、アダプタが含まれるパッケージ）のコードにはアクセスできない。出典 ArchUnitサイトのユースケース図（https://www.archunit.org/use-cases）を参考に作成

このルールの問題は、もし、ドメインモデルに何らかのライブラリのコードが含まれているのであれば、それらの依存をこのルールから除外しなければならないということです（今回の場合だと、lombokとjavaを除外しています）。本書の第14章で、この問題を持たないルールを見ていきます。

さらに、このテストコードに少し手を加えれば、ある種のドメイン固有言語（Domain-Specific Language：DSL）をArchUnitのAPI上で作り出すことも可能です。そのドメイン固有言語を用いることで、ヘキサゴナルアーキテクチャ内のすべての関連するパッケージを指定できるようになり、異なるパッケージへの依存がすべて正しい方向を向いているのかを検証できるようになります。

```
package buckpal;

import com.tngtech.archunit.core.importer.ClassFileImporter;
import buckpal.archunit.HexagonalArchitecture;
（略）
```

```
class DependencyRuleTests {

  @Test
  void validateHexagonalArchitecture() {
    HexagonalArchitecture.basePackage("buckpal")
        .withApplicationLayer("application")
            .domainModel("domain.model")
            .services("domain.service")
            .incomingPorts("port.in")
            .outgoingPorts("port.out")
            .and()
        .withAdaptersLayer("adapter")
            .incoming("in.web")
            .outgoing("out.persistence")
            .and()
        .withConfiguration("configuration")
        .check(new ClassFileImporter()
            .importPackages("buckpal.."));
  }
}
```

このテストコードでは、最初に、このアプリケーションの基点となるパッケージ（buckpal）を指定し、それ以降は、アプリケーション層（ただし、ドメイン層も含む）、アダプタ層、構成層の各パッケージ（および、それらのサブパッケージ）を指定しています。そして、最後にcheckメソッドを呼び出して、他のパッケージへの依存の向きが依存のルールに従っているのかを検証しています。もし、ここに示したヘキサゴナルアーキテクチャのドメイン固定言語がどのように定義されているのかを知りたいのであれば、GitHubのコードを参照してください[2]。

このように、コンパイル後の検証は間違った方向への依存を防ぐのに非常

【2】 thombergs/buckpal | GitHub
https://github.com/thombergs/buckpal/blob/master/src/test/java/io/reflectoring/buckpal/archunit/HexagonalArchitecture.java

に有用なのですが、安全な失敗（fail-safe）[訳注3]を実現するようにはなっていません。たとえば、パッケージ名である「buckpal」のスペルが間違っていると、このテストは該当するクラスを見つけられなくなるため、不正な依存関係はないと判断してしまいます。そのため、テストコードに書き間違いがある場合、さらには、リファクタリングによってパッケージ名が変更された場合も、そのテストは意図した検証を行なえなくなってしまい、結果として、無価値なテストになってしまいます。そのため、この種のテストは安全にリファクタリングを行なえるような対策を講じるか、少なくともリファクタリングによってテストが壊れた場合に失敗するような対策を施さなければなりません。たとえば、もし、指定したパッケージやサブパッケージが存在しない、もしくは空である場合、リファクタリングによってパッケージの名前が変わったことが考えられるため、テストを失敗させるようにすることなどが考えられます。

12.4　成果物の分割

本書では、ここまで、アーキテクチャ内の境界を維持する方法としてパッケージとアクセス修飾子を用いた方法を見てきました。そして、すべてのコードは単一の成果物としてビルドされるようにしていました。

ここで言う成果物とは、ビルドすることによって生成される結果のことです（この生成プロセスは自動化されているのが望ましいです）。現在、Javaにおいて一番人気のあるビルドツールは「Maven」と「Gradle」です。そのため、今まで見てきたものは、MavenもしくはGradleの単一のビルド用スクリプトがアプリケーションのコードをコンパイルし、そのコンパイルしたものをテストしたあと、1つのJARファイルにまとめてきたことになります。

【訳注3】　何らかの間違いがあった場合や異常な状態になった場合に設計時に想定しておいた安全な終わらせ方を実施する設計手法。ここでは、間違いがあればあえて失敗させてその間違いに気づかせることを意味しています。 参照 https://ja.wikipedia.org/wiki/フェイルセーフ

そして、このようなビルドツールに備えられている重要な機能の1つに依存関係の解決があります。ビルドツールでは、指定されたコードをビルドして成果物を作り出すときに、対象のコードベースをコンパイルするのに必要な依存（たとえば、ライブラリ）が存在しているのかを最初に確認するようになっています。もし必要な依存がビルドする環境にないのであれば、ビルドツールはその依存のコードリポジトリからその依存を取得しようと試みます。このとき、該当する依存がコードリポジトリにもなければ、コードをコンパイルすることなく、ビルド処理を失敗させるようになります。

この性質を利用することで、アーキテクチャ内の異なるモジュールや異なる層とのあいだの依存関係が常に正しい方向を向くように強制することが可能になります（これはアーキテクチャ内の境界を維持することにもつながります）。そのためには、各モジュールもしくは各層ごとに個別のコードベースを用意し、それらのコードベースからそれぞれ個別の成果物（JARファイル）を作成するようにします。このとき、各成果物を作成するスクリプトに対して、どの成果物への依存が許されるのかをアーキテクチャの構造に沿って指定します。これで、開発者はうっかり間違った方向へ依存するようなことを行なえなくなります。なぜなら、そのような依存をしようとしても、クラスパス上に対象とするクラスがないため、コンパイル時にエラーとなるからです。

図12.4が示しているのは、アーキテクチャを複数の成果物に分割するときの選択肢です（ただし、ここで示しているものがすべての選択肢ではありません）。

まず、図12.4Ⓐでは、アーキテクチャを構成モジュール、アダプタモジュール、アプリケーションモジュールの基本的な3つのモジュールに分割し、モジュールごとの成果物が作成されるようにしています。そして、構成モジュールをアダプタモジュールに依存させることで、構成モジュールがアダプタモジュールにアクセスできるようにし、アダプタモジュールをアプリケーションモジュールに依存させることで、アダプタモジュールがアプリケーションモジュールにアクセスできるようにします。このようにすると、構成モジュールはアダプタモジュールを介してアプリケーションモジュールにも推移的に依存

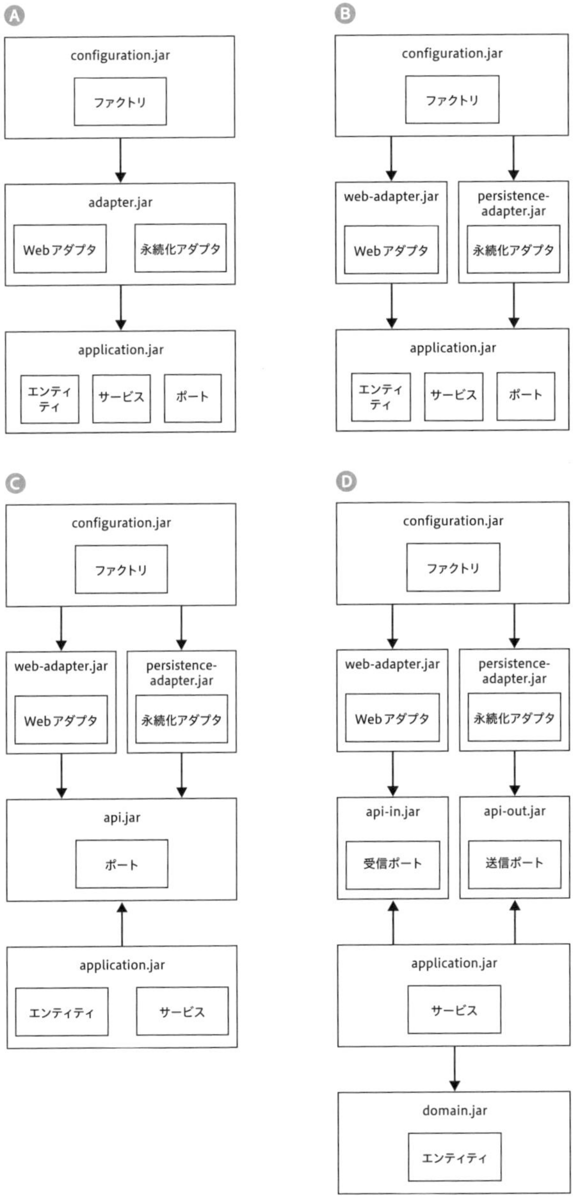

図12.4 間違った方向に依存することを防ぐため、アーキテクチャを複数の成果物に分割する際のいくつかの選択肢

することになるため、構成モジュールはアプリケーションモジュールにもアクセスできるようになります。

また、アダプタモジュールの中にはWebアダプタと永続化アダプタが含まれていることにも注意しなければなりません。なぜなら、これらのアダプタ同士が依存してしまうことはビルドツールでは防げないからです。依存のルールにおいて、これらのアダプタ同士が依存することは厳格に禁止されているわけではないものの（なぜなら、両方とも同じアダプタ層のものだからです）、通常、永続化アダプタに対して行なわれた変更が原因でWebアダプタに影響を与えることは（そして、その逆になることも）避けたいため、これらのアダプタを分離するほうが理にかなっています（この点に関しては、単一責任の原則を思い出してください）。

これと同じことが他のアダプタ、たとえば、外部システムとコミュニケーションを取るアダプタにも言うことができます。なぜなら、このようなアダプタが間違って他のアダプタに依存してしまうと、そのAPIの詳細が他のアダプタに漏洩することになるからです。

そのため、このような問題の発生を防ぐために、図12.4Ⓑの選択肢が示すように、アダプタモジュールをアダプタの種類ごとに分けることが考えられます。

さらに、この分割について考えていくと、アプリケーションモジュールをさらに分割するという方法もありそうです。現段階（図12.4Ⓑの段階）では、アプリケーションモジュールの中には、アプリケーションの受信ポートと送信ポート、受信ポートを実装したり送信ポートを呼び出したりするサービス、業務ロジックのほとんどが含まれたドメインエンティティが含まれています。

もし、アダプタ層とアプリケーション層とのやり取りにおいて、ドメインエンティティをポートの入力モデルや出力モデルに使用しないのであれば（つまり、第9章で見た「徹底的なモデルの変換」、もしくは「一方向でのモデルの変換」による戦略を採用するのであれば）、依存関係逆転の原則を遵守させるために、図12.4Ⓒの選択肢で示すように、ポートのインターフェイスのみを含めた個別のAPIモジュールを抽出することが考えられます。そして、その抽出したAPIモジュールに対してアダプタモジュールとアプリケーションモジュールからのアクセスを可能にする一方、逆方向へのアクセスはできないようにします。そうすれば、APIモジュールはアプリケーションモジュールにあるドメインエンティティにアクセスできなくなるため、ポートのインターフェイス内でドメインエンティティを使うことはできなくなります。その結果、アダプタはポートを介することでしかアプリケーションの核とのコミュニケーションを取れなくなります。

この分割をさらに進めていくと、図12.4 Ⓓの選択肢で示すように、ポートが含まれるAPIモジュールを受信ポートと送信ポートのモジュールに分割することが考えられます。こうすることで、対象のアダプタが受信アダプタなのか、それとも送信アダプタなのかということが、受信ポートの依存しか宣言しないのか、もしくは送信ポートの依存しか宣言しないのかによって明確になります。

さらに、アプリケーションモジュールもサービスのみを含んだモジュールとドメインモデルのみを含んだモジュールとに分割することが考えられます。こうすることで、ドメインモデルがアプリケーション層にアクセスしないことを強制できるようになります。さらにこのことは、異なるユースケースを持つ他のアプリケーション（つまり、異なるサービス）であっても、このドメインモジュールへの依存を宣言するだけで、同じドメインモデルを使えるようにすることも可能になります。

図12.4では、アプリケーションをモジュールに分割するのに様々な選択肢があることを示したのですが、もちろん、アプリケーションの分割に関する選択肢は他にも存在します。ここで提示したいのは、モジュールをより細かく分割することで、モジュール間における依存関係をより強く制御できるようになるということです。より細かなモジュールに分割することはモジュール間のやり取りにおいてモデルの変換がより多くなることを意味するため、第9章で見たモデルの変換に関する戦略のどれを採用するのかをきちんと考えなくてはならなくなります。

これらの他にも、アプリケーションをいくつかのモジュールに分割することでアーキテクチャ内の境界を維持する方法は、パッケージとアクセス修飾子を用いた単純な方法よりも多くのメリットを得られます。

まず、モジュールに分割してアーキテクチャ内の境界の維持する1つ目のメリットには、ビルドツールを使うことになるため、**循環依存**（circular dependencies）**を確実に排除できる**ということがあります。この循環依存はアプリケーションに持ち込んではならないものであり、循環依存を持ち込んでしまうと、1つのモジュールに対する変更が循環依存内の他のすべてのモジュールに影響を与えてしまうため、単一責任の原則を遵守できなくなってしまいます。ビルドツールを用いている場合、もし循環依存が存在すると、ビルドツールは依存関係を解決しようとして永遠にループするようになります。そうなると、開発者は循環依存の存在に気づくことができ、ビルドが正しく行なわれるようにするために、その循環依存を取り除くことになります。このように、モジュール間に持ち込まれた循環依存を取り除いていくことになるため、最終的に循環依存が存在しないことを保証できるようになります。

ビルドツールに頼らずJavaのコンパイラだけに頼った場合、複数のパッケージ間で循環依存が存在したとしても、コンパイラはそのことを検知することはできません。そのため、コンパイラは何も警告を出さないため、循環依存がそのまま本番環境にまで持ち込まれてしまう危険性が出てきます。

次に、アーキテクチャをモジュールに分割することで得られる2つ目のメリットには、コードを変更してもその影響はモジュール内に制限されるため、他のモジュールのことを意識する必要がなくなるということがあります。たとえば、アプリケーション層に対して大規模なリファクタリングを行なったことで、そのリファクタリングがアダプタ層にも影響を与えることになった場合を想像してください。このとき、もし、アプリケーション層とアダプタ層が同じモジュール内にある場合、アプリケーション層のテストを行ないたくても、アダプタ層の修正が終わらないとコンパイルができないため、ほとんどのIDE（統合開発環境）ではテストを行なうことができません。そのため、仮に、そのテストではアダプタ層のコードを必要としなかったとしても、アダプタ層の修正を終えることが強要されることになります。一方、もし、アプリケーション層が独自のモジュールとして抽出されていると、IDEはテストの際にアダプタ層のモジュールのことを気にしなくてもよくなるため、アプリケーション層へのテストを行なえるようになります。このことはMavenやGradleを用いてビルドする場合でも同じです。もし、両方の層のコードが同じモジュールに含まれていると、どちらかの層で発生するエラーによってコンパイルができなくなり、ビルドは失敗することになります。

このように、アプリケーションの層ごとに成果物となるモジュールを分割することで、コードの変更による影響をそのモジュール内に閉じ込められるようになります。さらに、このような分割をすることで、各モジュールのコードを個別のコードリポジトリで管理できるようになり、それらのモジュールを開発チームごとに別れて保守できるようにもなります。

そして、最後に挙げる3つ目のメリットには、ビルド用スクリプト内に他のモジュールへの依存を明示的に宣言しなければならないため、新たな依存関係を追加するのであれば、そのことを開発者は意識して行なうことになるということがあります。たとえば、もし、モジュールを分割したことが理由でアクセスできないクラスがあるとして、そのアクセスできないクラスへのアクセスが必要になった場合、開発者はビルド用スクリプトにその新たな依存関係を加える前に、その依存関係が本当に必要なのかを自問する機会を得ることになります。

アーキテクチャを複数のモジュールに分割することは、分割後に各ビルド用スクリプトを保守しなければならないことになります。そのため、このような分割をするのであれば、その前に、そのアーキテクチャをいくらか安定した状態にしておくことが重要になります。

加えて、分割されたモジュールは変化に対する柔軟性を持っていません。そのため、一度、モジュールに分割されてしまうと、最初に定義した分割がそのまま最後まで維持されることになるのが一般的です。そのため、最初に適切な分割ができていなかった場合、あとでリファクタリングをしようとしても、そのことに対するコストが高いため、その間違った分割をあとで正すようなことは滅多にできません。一方、アプリケーションをモジュールに分割することなく、すべてのコードを単一の成果物に含んでいるほうがリファクタリングは行ないやすくなります。

12.5 この章がどのように保守のしやすいソフトウェアを構築する際の助けとなるのか?

結局のところ、ソフトウェアのアーキテクチャにおいて重要なのは依存の管理なのです。もし、依存関係があまりにも複雑な巨大な泥団子状態になってしまうのであれば、アーキテクチャも巨大な泥団子状態になってしまいます。

そのため、長期間にわたってアーキテクチャを維持するのであれば、依存関係が正しい方向に向いていることを定期的に確認しなければなりません。

たとえば、新しいコードを追加するときや既存のコードをリファクタリングするとき、パッケージ構成を意識して、パッケージの外からアクセスされるべきではないクラスをパッケージプライベートにするなどの対策を可能なかぎり施さなくてはなりません。

もし、アーキテクチャ内の境界を単一の成果物の中で維持しなければならず、パッケージの構造上、外部からアクセスさせたくないクラスをパッケージプライベートで宣言するだけでは対応できないのであれば、コンパイル後に適応度関数を用いた検証を行なえるツール（たとえば、ArchUnit）を導入することを検討するのがよいでしょう。

そして、アーキテクチャが十分に安定した状態になったと感じたら、アーキテクチャを構成する要素を抽出し、アプリケーションをいくつかのモジュールに分割することを考えるようにしましょう。なぜなら、そうすることで、依存関係の方向に対する制御を意図したように行なえるようになるからです。

この章で見たアーキテクチャ内の境界を維持するための3つの方法はどれ

でも組み合わせて使用できます。そのため、これらの方法を必要に応じて適用することで、コードベースが保守しやすい状態を長いあいだ維持できるようになります。

それでは、アーキテクチャ内の境界について次の第13章でも継続して考えていきましょう。ただし第13章では、視点を変えて、同じアプリケーション内にある異なるドメイン（もしくは、境界づけられたコンテキスト）が分離されるようにしながらも、どのようにそれらのドメインを管理するのかについて見ていきます。

13

複数の境界づけられたコンテキストの管理

多くのアプリケーションは1つ以上のドメインによって構成されています。これをドメイン駆動設計の用語を用いて言い換えると、多くのアプリケーションは1つ以上の**境界づけられたコンテキスト**によって構成されている、と言い直すことができます。この「境界づけられたコンテキスト」という用語からわかることは、異なるドメインのあいだには境界があるということです。もしそのような境界が設置されていないと、異なるドメインに属するコード同士が制限なく依存し合ってしまい、お互いに密結合するようになってしまいます。その結果、各ドメインに属するコードは個別に進化させることが難しくなり、あるドメインのコードに変更を加えたら、別のドメインが機能しなくなるということが頻繁に起こるようになってしまいます。そうなると、最初にコードベースを異なるドメインに分割したことへの意味がなくなってしまいます。

コードベースをコードが属するドメインごとに分割する理由は、各ドメインが独自に進化できるようにするためであり、第3章で述べた単一責任の原則を適用することにあります。ただし、今回の場合は、単一のクラスの責務ではなく、境界づけられたコンテキストを形成するクラスの一群の責務について述べています。つまり、境界づけられたコンテキストに課せられた責務が変わったとしても、他の境界づけられたコンテキストにその影響を与えてはならないという意味になります。

境界づけられたコンテキストを管理すること、つまりは、コンテキスト間の境界を明確にしてそのことを維持することはソフトウェア工学における重要な挑戦の1つです。「レガシー」と呼ばれるソフトウェアの保守や機能追加を行なっている開発者たちが直面するであろう問題の多くは境界が不明瞭であることに起因しており、実際のところ、ソフトウェアが「レガシー」となるのに長い年月が必要になるわけではありません。

そのため、本書の第1版の読者から受けた質問には、ヘキサゴナルアーキテクチャを用いる場合、複数の境界づけられたコンテキストをどのように管理するのか、というものが（第1版のことを振り返ってみると当然のことながら）多くありました。しかし、この答えは残念なことに単純なものではありません。というのも、結局のところ、その管理をどのように行なうのか、という答えは

1つではなく、どれもが正解でもなく間違いでもないからです。そこで、ここからは、境界づけられたコンテキストを分離する方法についていくつか見ていくことにします。

13.1 境界づけられたコンテキストごとに1つのアプリケーションの核を用いる場合

ヘキサゴナルアーキテクチャにおいて複数の境界づけられたコンテキストを扱う場合、まず、最初の選択肢として思い浮かぶのが、図13.1に示しているように、境界づけられたコンテキストごとにアプリケーションの核（ヘキサゴナルアーキテクチャの図における六角形）を設けることです。

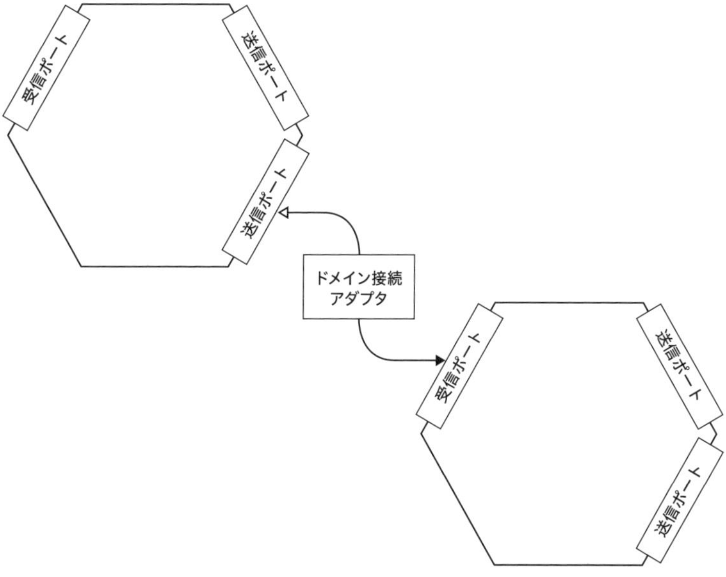

図13.1　境界づけられたコンテキストごとにアプリケーションの核を設ける。この場合、他の境界づけられたコンテキストとコミュニケーションを取るための送信ポート、アダプタ、受信ポートが必要となる

この図では、境界づけられた各コンテキストを個別のアプリケーションの核として定義しています。そして、他の境界づけられたコンテキストを呼び出す場合、その呼び出しを行なうコンテキストは他の境界づけられたコンテキストを呼び出すための送信ポートを用意し、もう一方の呼び出されるコンテキストは受信ポートを用意するようにします。

本音を言えば、境界づけられたコンテキストが他の境界づけられたコンテキストとやり取りをする必要が一切ないことが理想です。なぜなら、異なるコンテキストとのやり取りがなければ、境界づけられたコンテキスト間で依存関係が生まれることもないからです。しかし現実には、そのような状況になることは滅多にありません。そのため、ここでは、図13.1の左側の境界づけられたコンテキストが右側の境界づけられたコンテキストの機能を必要とする場合にどうするのかを考えていきます。

この場合、呼び出しを行なうコンテキストには目的のコンテキストを呼び出すための送信ポートを追加する一方、呼び出されるほうのコンテキストにはその呼び出しを受け取るための受信ポートを追加します。それから、その送信ポートを実装するドメイン接続アダプタを作成し、そのアダプタの中で、送信ポートから受け取った入力モデルを呼び出し先のコンテキストが提示する受信ポートの入力モデルに変換し、その変換した入力モデルをその受信ポートに渡すことで目的の処理を実行させます。

このようにすれば、何も問題なく、他の境界づけられたコンテキストとのやり取りが可能になる……のでしょうか？

一見、このような設計は非常にクリーンな解決方法のように思えます。なぜなら、それぞれの境界づけられたコンテキストは適切に分離され、他の境界づけられたコンテキストとの依存関係はポート＆アダプタの形で明確に構成されるようになっているからです。もし、他の境界づけられたコンテキストに新たな依存関係を構築するのであれば、既存のポートを用いるか、新たなポートを加えるかして、明示的にそのポートを経由するようにしなければなりません。その結果、他の境界づけられたコンテキストとの依存関係を構築するには、様々なものを用意しなければならなくなるため、関係のない他のコンテキストに間違って依存するようなことを防げるようになります。

しかしながら、このようなアーキテクチャの設計にしてしまうと、境界づけられたコンテキストの数が増えるにつれて、依存の数が急激に増えていきます。たとえば、図13.2で示すように、2つの境界づけられたコンテキストのあいだに1つの依存関係しかなければ、1つのドメイン接続アダプタ（先ほどの図13.1で示したドメイン接続アダプタ）を実装することになります。そして、3つの境界づけられたコンテキストがある場合は、循環依存を持ち込まないように注意しながら、3つのドメイン接続アダプタを用意することになります。しかし、境界づけられたコンテキストが4つに増えると、6つのドメイン接続アダプタを用意しなければならなくなります[1]。

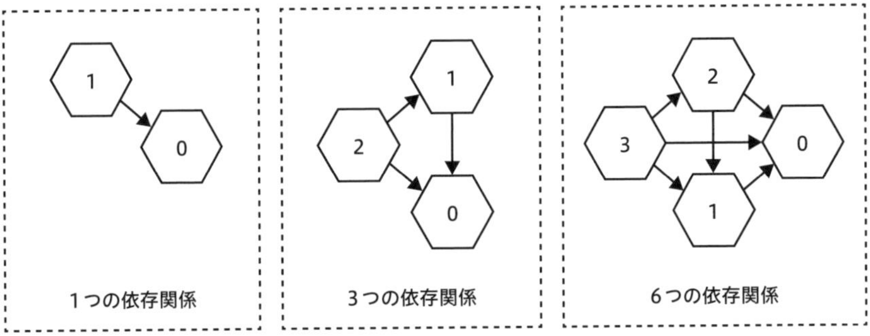

図13.2 循環依存を発生させないようにしたとしても、境界づけられたコンテキスト間の依存の数は境界づけられたコンテキストの数が増えるのに伴って急激に増えていく

【1】 この依存の数を算出するのに使った式は、n個の境界づけられたコンテキストに対してn−1＋n−2＋……＋n−(n−1)と増えていく、というものです[訳注1]。考え方としては、循環依存が持ち込まれない前提だとすると、1つ目の境界づけられたコンテキストは1個の依存を持ち、2つ目の境界づけられたコンテキストは2個の依存を持つように依存の数が増えていく一方、最初に依存された境界づけられたコンテキストは何も依存を持たないことになります。なぜなら、もし、この最初の境界づけられたコンテキストが他の境界づけられたコンテキストに依存してしまうと循環依存が発生してしまうからです。

【訳注1】 この計算式は、n=4の場合、4−1＋4−2＋4−(4−1)ということを表現しています。

このように、1つの境界づけられたコンテキストに対して1つのアプリケーションの核を作り上げるようなアーキテクチャにすると、依存が増えるたびに呼び出し元の送信ポートと呼び出し先の受信ポートをつなげるドメイン接続アダプタを1つ以上用意し、その中でドメインモデルを他のドメインモデルに変換させるようなコードを記述することになります。このことはアプリケーションの開発や保守に対して負担を強いることになります。しかも、その負担がアプリケーションによってもたらされる価値よりも大きくなってしまうと、その負担を軽減するために、開発者は短絡的な実装を行なうようになってしまいます。そうなると、そのアーキテクチャは一見ヘキサゴナルアーキテクチャのようでありながらも、本来であれば得られるはずのメリットを提供できないアーキテクチャに最終的になってしまいます。

Alistair Cockburn氏がヘキサゴナルアーキテクチャを初めて紹介したブログ記事[2]を読んでみても、ヘキサゴナルアーキテクチャが1つの境界づけられたコンテキストを1つのアプリケーションの核（ヘキサゴナルアーキテクチャの図における六角形）にカプセル化することを目的としている、というようなことはまったく書かれていません。そうではなく、ヘキサゴナルアーキテクチャは**アプリケーション自体をカプセル化すること**を目的としています。そのため、1つのアプリケーションの中には複数の境界づけられたコンテキストが含まれることもあれば、まったく含まれないこともあるのです。

境界づけられたコンテキストをそれぞれ個別のアプリケーションの核に内包することは、あとで、それらを個別のアプリケーションとして抽出する場合、つまりは、個別のマイクロサービスとして抽出する場合において理にかなっていることになります。なぜなら、このことが意味するのは、コンテキストのあいだには正しい境界が設置されており、その境界は将来的にも変わらないことが想定されている、ということだからです。

ここで重要となるのが、ヘキサゴナルアーキテクチャは同じアプリケーション内において複数の境界づけられたコンテキストを管理することに関してス

【2】 Alistair Cockburn「Hexagonal architecture」
https://alistair.cockburn.us/hexagonal-architecture/

ケール可能な解決方法を提供しておらず、そのようなことを目的にもしていないということです。そのため、ドメイン駆動設計を参考にして、アプリケーションの核内を境界づけられたコンテキストごとにコードを分離した構造にしても問題がないことになります。なぜなら、アプリケーションの核内であれば、開発者がどのような戦略を選択したとしても、ヘキサゴナルアーキテクチャはそのことに干渉してこないからです。

13.2 各境界づけられたコンテキストの分離

前節では、ヘキサゴナルアーキテクチャのアプリケーションの核（ヘキサゴナルアーキテクチャの図における六角形）は個別の境界づけられたコンテキストをカプセル化するのではなく、アプリケーション全体をカプセル化するようになっていることを学びました。そうなると、境界づけられたコンテキストがそれぞれ分離した状態を維持できるようにするにはどうしたらよいのでしょうか？

たとえば、境界づけられたコンテキスト同士がお互いにコミュニケーションを取らなくてもよいような単純なケースであれば、完全に分離されたコードパスを作り上げることが可能になります。そうすると、図 13.3 で示すように、各境界づけられたコンテキストに対して専用の受信ポートと送信ポートを設置できるようになります。

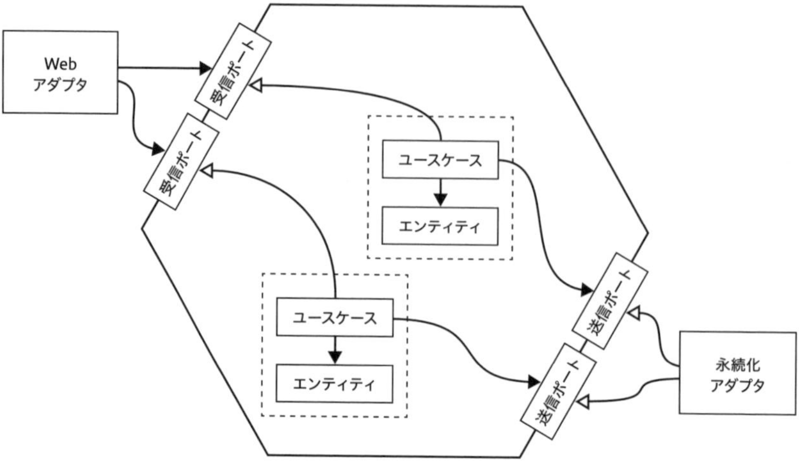

図13.3　境界づけられたコンテキスト（破線で囲んだ部分）同士がお互いにコミュニケーションを取らないのであれば、各コンテキストは自身の受信ポートと送信ポートを持てるようになる

図13.3で示しているのは、1つのアプリケーションの核の中に2つの境界づけられたコンテキストを持つアプリケーションで、このアプリケーションは1つのWebアダプタによって呼び出されるようになっている一方、1つの永続化アダプタを呼び出すようになっています。今回はデータベースを扱うWebアプリケーションのため、このような構成になっていますが、他の種類のアプリケーションであれば、この図とは異なる種類の受信アダプタや送信アダプタを使うことになるかもしれません。

各境界づけられたコンテキストは自身が扱うユースケースをアプリケーションの核の外から呼び出せるようにするため、1つ以上の受信ポートを公開するようになっています。そのため、どの境界づけられたコンテキストが持つ機能であっても受信ポートさえ用意されていれば、Webアダプタからその機能を呼び出せることになります。

また、境界づけられたコンテキストごとに専用の受信ポートを用意するのではなく、複数の境界づけられたコンテキストを一度に呼び出すような受信ポートを用意することも選択肢として考えられます。このようにした場合、コンテキスト間の境界をアプリケーションの核の外からは隠しつつ、複数のコンテキストを連携させて目的の処理を実施させることが可能になります。ただし、このような入力ポートが正しい設計になるのか否かは状況によって異なります。

一方、データベースを呼び出す送信ポートに関しては、境界づけられたコンテキストごとに専用の送信ポートを定義し、他の境界づけられたコンテキストとは分離された状態でデータの保存や取得ができるようにします。

このことは境界づけられたコンテキストごとに専用の受信ポートを用意することが正解なのか否かが状況によって変わる受信ポートの場合とは異なっており、送信ポートの場合は境界づけられたコンテキストごとにそれぞれ送信ポートを用意することが常に正解となります。そのようになる理由は、送信ポートを個別に用意することで、ドメインデータを保存したり取得したりすることを他の境界づけられたコンテキストから分離して行なえるようになるからです。たとえば、1つの境界づけられたコンテキストが経理に関することを扱い、別の境界づけられたコンテキストがユーザー管理を扱うようになっているのであれば、経理に関するデータを保存したり取得したりすることを専門に行なう送信ポートとユーザーに関するデータを保存したり取得したりすることを専門に行なう送信ポートの2つの送信ポートを用意します。

つまり、境界づけられたコンテキストは、それぞれ異なるデータモデルを扱う送信ポートを持つようにするのです。もし、複数の境界づけられたコンテキストがデータの保存や取得を扱う送信ポートを共有してしまうと、これらの境界づけられたコンテキストは同じデータモデルに依存することになるため、どちらかの境界づけられたコンテキストに影響を与えることなく開発することが難しくなってしまいます。たとえば、アプリケーション内の境界づけられたコンテキストの1つを独立したマイクロサービスとして抽出することになった場合を想像してみてください。このようなことは、抽出することになる境界づけられたコンテキストがアプリケーション自体とは異なるスケールの仕方をするようになった場合によく起こります。しかし、その境界づけられたコンテキストが他の境界づけられたコンテキストと同じデータモデルを共有していると、その抽出は非常に難しくなってしまいます。そうなると、別のアプリケーションとして抽出したのにもかかわらず、その抽出したサービスも元のアプリケーションが使用する同じデータモデルにアクセスさせることを考えるかもしれません。しかし、そのようなアクセスが行なわれることは望ましくはなく、境界づけられたコンテキストごとにデータモデルが最初から分離されているのが望ましいのです。

たしかに、複数の境界づけられたコンテキストが同じ実行環境で実行されているのであれば、物理的に同じデータベースを共有し、同じデータベーストランザクション上で永続化処理を行なうことになります。しかしながら、そのような共有されているデータベース内であっても、異なる境界づけられたコンテキストに属するデータ同士のあいだには明確な境界を設けるべきなのです。たとえば、データベースの異なるスキーマを持つようにするか、少なくとも、異なるテーブルを持つようにすべきです。

このように、受信ポートと送信ポートを分離することは境界づけられたコンテキストを完全に分離するのに大いに役立ちます。なぜなら、各境界づけられたコンテキストは他の境界づけられたコンテキストに影響を与えることなく進化できるようになるからです。しかし、これらの境界づけられたコンテキストを完全に分離できるのはお互いにコミュニケーションを取らないようになっている場合だけです。そうなると、もし、複数の境界づけられたコンテキストを呼び出さなければならないユースケースがある場合、もしくは、1つの境界づけられたコンテキストが他の境界づけられたコンテキストを呼び出さなくてはならない場合、どうすればよいのでしょうか？

13.3 境界づけられたコンテキスト同士の適切な連携

もし、すべての境界づけられたコンテキストが他の境界づけられたコンテキストとまったく連携しないのであれば、ソフトウェアのアーキテクチャは非常にシンプルなものになります。しかし、現実のアプリケーションを機能させるためには、他の境界づけられたコンテキストとの何らかのやり取りが必要となります。

それでは、再度、送金を扱う境界づけられたコンテキストを例に、セキュリティ上の理由で、どのユーザーが送金を行なったのかをログに残す機能を追加することになった場合を考えてみましょう。この場合、送金を扱うコンテキストは他の境界づけられたコンテキストであるユーザー管理を扱うコンテキストにあるユーザーの情報が必要となります。しかし、このような場合であっても、送金のコンテキストがユーザー管理のコンテキストと深く結び付くことは避けたいと考えているとします。

そこで、送金のログを残すのに、送金するユーザーのすべての情報が必要なのかどうかを調べてみたところ、今回の場合であれば、ユーザーIDだけで十分であるという判断が下されたとします。そうなると、ユーザー管理を扱うコンテキストではユーザーに関する様々な情報を持つ複雑なユーザーのオブジェクトが扱われるものの、送金を扱うコンテキストにはその中のユーザーIDのみを渡せばよいということになります。そのため、「送金する（Send Money）」というユースケースでは、送金を行なう際に、入力情報としてユーザーIDを受け取るようにすれば、意図したログが残せるようになります。こうすれば、送金を扱うコンテキストはユーザーIDを除いたすべてのユーザー情報と結び付かずに済むようになります。

それでは、次に、新たな要望として送金時に送金しようとしているユーザーが送金することを許されているかどうかを確認する機能を追加することが決まった場合を想像してみましょう。このような場合、ドメインイベント[3]を用いれば、この確認の機能を容易に追加できるようになります。具体的には、ユーザー管理を扱うコンテキストで、ユーザーの状態が変わった際に、そのことを他の境界づけられたコンテキストに知らせるイベントを発行するようにします。そして、送金を扱うコンテキストはユーザーの状態が変わったことを知らせるイベント（たとえば、新たにユーザーが登録された場合やユーザーが送金することを許されなくなった場合など）を受け取ると、その情報を自身のデータベースなどに格納しておきます。そうすれば、送金を行なうときに、その格納されたユーザーの情報から送金が可能かどうかを検証できるようになります。

他にも、これとは別の解決方法として、ユーザー管理のコンテキストと送金のコンテキストが連携して目的の処理を行なえるように調整するアプリケーションサービス[4]を設けることも選択肢となります。その場合、まず、設置するアプリケーションサービスに送金のコンテキストが提供する受信ポートを実装させます。そして、このアプリケーションサービスが送金をするように呼び出されたとき、アプリケーションサービスは内部でユーザー管理のコンテキストを呼び出してユーザーの状態を取得し、そのユーザーの情報を送金のコンテキストに渡して「送金する」というユースケースを実施させるようにします。こうすることで異なる実装でありながらも、ドメインイベントを使っていたときと同じ結果を得られるようになります。

ここでは、異なる境界づけられたコンテキスト同士をどうすれば「適切に」結合させられるようになるのかという例を2つ紹介しただけにすぎません。もしドメイン駆動設計を使ったことがなければ、どのような解決方法があるのか、という考えを得るためにドメイン駆動設計に関する書籍を読むことをお勧めします。

【3】『Implementing Domain-Driven Design』Vaughn Vernon著、Pearson Education、2013年：第8章。邦訳『実践ドメイン駆動設計』翔泳社、2015年

【4】『Implementing Domain-Driven Design』Vaughn Vernon著、Pearson Education、2013年：第14章。邦訳『実践ドメイン駆動設計』翔泳社、2015年

それでは、視点をヘキサゴナルアーキテクチャに戻し、これまで見てきた解決方法を用いて、複数の境界づけられたコンテキストがヘキサゴナルアーキテクチャでどのように扱われるのかを見ていきましょう。それらの解決方法を用いるようにしたものを示すのが図13.4になります。

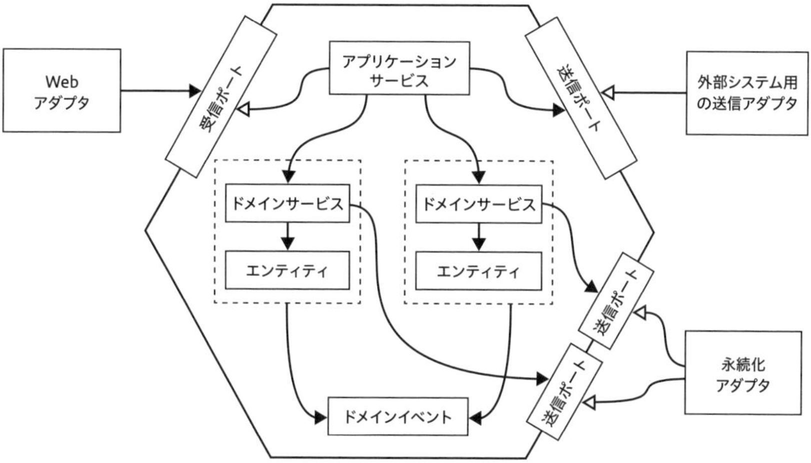

図13.4 複数の境界づけられたコンテキストにまたがるユースケースがある場合、アプリケーションサービスを用いることやドメインイベントを用いることで異なるコンテキスト間で必要な情報を共有できるようになる

図13.4の上部にはアプリケーションサービスが設置されており、このアプリケーションサービスが2つの境界づけられたコンテキストを呼び出すようになっています。そして、Webアダプタが呼び出す受信ポートは境界づけられたコンテキストではなく、アプリケーションサービスに実装させており、その中で2つの異なる境界づけられたコンテキストが持つドメインサービスを呼び出して目的のユースケースを実施させるようにしています。場合によっては、このアプリケーションサービスがユースケースを実施させるのに必要な情報を外部システムから取得できるようにするため、アプリケーションサービスに直接送信ポートを呼び出させることも選択肢となります。これらのことに加え、ア

プリケーションサービスは**データベーストランザクションにおける境界**としての役割も担います。なぜなら、アプリケーションサービスはこのような場合に複数の境界づけられたコンテキストへの呼び出しを1つのデータベーストランザクション上で実施することになるからです。

ただし、このように複数の境界づけられたコンテキストを適切に連携させたとしても、各コンテキスト内のドメインサービスがそれぞれ異なるデータモデルを維持できるように、各境界づけられたコンテキストは個別の送信ポートを持つのが理想です。とはいえ、場合によっては、この分離は必要ではないと判断し、データベースへの送信ポートを共有して、同じデータモデルを共有することもあるかもしれません。ただし、そのようなことを選択した場合は、それらの境界づけられたコンテキスト同士が密結合してしまうリスクをきちんと認識しておかなければなりません。

また、図13.4の下部では、境界づけられたコンテキスト同士がドメインイベントを共有していることを示しています。ここでは、どちらかの境界づけられたコンテキストで何らかのイベントが発生した際、そのコンテキストがドメインイベントを発行する一方、他の境界づけられたコンテキストがこのドメインイベントを受け取ることで、お互いに深く結び付くことなく情報のやり取りが行なえるようになります。

13.4 この章がどのように保守のしやすいソフトウェアを構築する際の助けとなるのか?

異なるドメインとのあいだに設けた境界を維持することはソフトウェア開発において非常に難しいことの1つです。コードベースの規模が小さい場合であれば、もしかしたら、境界を設けなくても済む場合があるかもしれません。なぜなら、開発者はコードベース全体のモデルを頭の中で把握できるからです。ところが、コードベースの規模が大きくなっていくと、異なるドメイン間に境界を設け、各ドメインが他のドメインに影響を与えることなく進化できるようにすることが重要になってきます。もし、このことを怠ると、他のドメインへの依存が様々なところに持ち込まれてしまい、結果として、そのコードベースは「大きな泥団子」となってしまいます。

ヘキサゴナルアーキテクチャの主要な目的はアプリケーションとその外部の世界との境界を管理できるようにすることです。そして、その境界はアプリケーションが処理をするのに必要な情報を受け取る受信ポートと外部の世界に処理を行なわせるために呼び出す送信ポートの2種類のポートによって形成されています。

しかし、ヘキサゴナルアーキテクチャはアプリケーション内のより細やかな境界を管理することには意識が向いていません。そのため、アプリケーションの核（ヘキサゴナルアーキテクチャの図における六角形）の中で、複数の境界づけられたコンテキストをどのように管理するのかは開発者の手に委ねられることになります。そのため、コードベースが開発者の頭の中だけで完全に把握できなくなるほど大きくなってしまった場合、開発者はドメイン駆動設計を持ち込んだり、その他の設計に関する手法を用いたりして、そのコードベース内に境界を設けるようにしなければなりません。

次章では、ヘキサゴナルアーキテクチャを導入するのか否かに関係なく、開発者に対してあまり負荷をかけないで適用できる境界の設置方法についてを見ていきます。

14

コンポーネント基盤のアーキテクチャ

ソフトウェア開発が始まった時点では、開発者はエンドユーザーがそのソフトウェアに対して求めていることをすべて知ることはできません。そして、エンドユーザーが実際に求めていることを開発者が理解できるようになるのは、そのエンドユーザーがそのソフトウェアを実際に触るようになったときになります。そのため、ソフトウェアの開発において、開発者は常にリスクを負って知識に基づいた推測を行なわなければなりません（もっと専門的な言葉で言えば「仮定」しなければなりません）。実際、ソフトウェアを開発する状況はあまりにも変わりやすく、すべての可能性を事前に知ることはできません。そして、この移り変わりやすさに対応するため、ソフトウェアの開発をアジャイルに行なうアプローチが生まれ、そのアプローチを採用することで変化に対して柔軟に対応できるようになってきました。

では、このような移り変わりやすい状況にうまく対応できるソフトウェアのアーキテクチャを作り出すためには開発者は何をすればよいのでしょうか？もし、すべてのものがいつでも変更される可能性があるのであれば、そもそも、アーキテクチャについて悩む必要があるのでしょうか？

もちろん、アーキテクチャは必要であり、第1章で述べたように、開発者は保守のしやすさを保証するアーキテクチャを作り上げなくてはなりません。なぜなら、保守のしやすいコードベースになっていれば、様々な外部の要因に適用しながら、状況に応じて変更することが容易に行なえるようになるからです。

ヘキサゴナルアーキテクチャは保守のしやすさを追求するアーキテクチャです。そして、そのことを実現するために、アプリケーションの核（ヘキサゴナルアーキテクチャの図における六角形）と外部の世界とのあいだに境界を設けています。このアプリケーションの核内にはドメインを扱うコードが含まれており、そのコードと外部の世界とのコミュニケーションを可能にするポートをアプリケーションの核が提供するようになっています。このポートはアプリケーションの核とアダプタとをつなげるものであり、両者のあいだでやり取りをするのに使われます。そして、そのやり取りにおいて、アプリケーション内で使われるデータと外部の世界で使われるデータとの変換が行なわれるようになっています。ヘキサゴナルアーキテクチャはこのようになっているため、アプリケーションの核は外部の世界から隔離された状況で進化でき、そのことが理由で容易に保守が行なえるようになっています。このように、保守がしやすくなる理由は、少なくともポートが変わらないかぎり、アプリケーションの核内を好きなように変えられることにあり、そうなっていることで移り変わりの激しい変化であっても対応できるようになるからです。

第13章で見たように、ヘキサゴナルアーキテクチャはアプリケーションの核の中で境界を作ることを特に考慮はしていません。そのためアプリケーションの核の中では、異なるアーキテクチャを持ち込むほうがより優れた結果を得られるようになります。

このことに加え、ヘキサゴナルアーキテクチャを採用することは（特に開発の開始時点においては）難しいと言われています。そして、もし、開発チームのメンバーが依存関係逆転の原則の価値やドメインモデルと外部の世界のモデルとを変換させることへの価値を理解していないのであれば、ヘキサゴナルアーキテクチャを用いる意味を見出すことがより難しくなります。特に、アプリケーションがまだ複雑な機能を備えていない段階でヘキサゴナルアーキテクチャを採用することは、アプリケーションを不必要に複雑化しているように思えることもあります。

このようなシンプルなアプリケーションを構築するのであれば、まずはシンプルでありながらも、将来、何らかの変更が必要になったときにすぐに対応できるモジュール性を備えたアーキテクチャを採用することを考えるのがよいでしょう。そこで、この章では、コンポーネント基盤のアーキテクチャについて見ていき、このアーキテクチャがアプリケーション開発の初期段階においてどれほど有用なのかについて検討していきます。

14.1 コンポーネントの抽出と抽出したコンポーネント同士の連携

保守容易性を促進させるものの1つはモジュール化のしやすさです。なぜなら、複雑なシステムを複数のシンプルなモジュールに分割すれば、そのシステムの複雑さを一箇所ですべて扱うようなことをしなくても済むようになるからです。このように、システム全体の複雑さを各モジュールに分散すれば、開発者はシステム全体を意識しなくてもよくなり、担当するモジュールのことだけに専念できるようになります。そして、担当するモジュールが他のモジュールとやり取りをするのであれば、開発者が考えなければならないのはそのやり取りのことまでで、それより先のことは考えなくてもよくなります。しかも、モジュール間のインターフェイスが明確に定義されているのであれば、通常、他のモジュールに影響を与えることなく各モジュールを成長させられるようになります。このように、担当するモジュールが1つだけになれば、開発者がそのモジュールを把握するのはそれほど難しいことではなくなります。しかし、このような分割がされていなければ、何をどこまで把握すればよいのかがわからなくなり、コードベースの様々なところを繰り返し見にいかなければならない状況に陥ってしまいます。

つまり、人間が複雑なシステムを構築できるようになるためには、よりシンプルなモジュールに分割することが重要になるのです。Dave Farley氏は彼の著書『Modern Software Engineering』[1]で、アポロ宇宙開発で行なったモジュールの分割に関する重要性について次のように説明しました。

【1】『Modern Software Engineering』Dave Farley著、Pearson Education、2021年：第6章。邦訳『継続的デリバリーのソフトウェア工学』長尾高弘 翻訳、日経BP、2022年

> このようなモジュール化【訳注1】には様々なメリットがありました。個々のコンポーネントは問題の一部分の解決に専念する形で構築でき、その分設計上の妥協を減らせました。また、異なるグループ（この場合はまったく別の企業）がほかのグループからほぼ独立した形で各モジュールを開発できました。それぞれのモジュールがほかのモジュールとどのようにつながるかについてほかのグループと合意が取れていれば、ほかのモジュールからの制約を受けずに、それぞれのモジュールの問題の解決に取り組めたのです。

そうです。モジュールに分割したことで人類は月に行くことができたのです！ このようにモジュールに分割することで車や飛行機を作ったり、建造物を建てたりすることが可能になります。そして、当然のことながら、これと同じことは複雑なソフトウェアの開発にも適用できます。

ところで、モジュールとは何なのでしょうか？ この「モジュール」という用語は（オブジェクト指向の）ソフトウェア開発において複数の意味があるように私には思えます。というのも、仮に使い勝手がよいものとして、特に深い考慮もされることなくまとめられたクラスの集まりであったとしても、「モジュール」と呼ばれることがあるからです。そこで本書では、特定の機能を実現するために深く考慮されてまとめられたクラスの集まりのことを「モジュール」とは呼ばず「コンポーネント」と呼ぶことにします。このコンポーネントは他のコンポーネントと組み合わせることで複雑なシステムを構築することが可能になります。そして、コンポーネント同士を組み合わせるという性質について考えた場合、様々なコンポーネントを組み合わせて構成されたシステムの構造になっているのであれば、状況が変わった場合に、それらのコンポーネントを新たに組み合わせ直すことで、そのときの状況に応じた新たなシステムを構築できることになります。そして、このような組み合わせを容易に行なうために必要なことは、コンポーネントが何を提供するのか、そして、何を外部から必要とするのかという情報がコンポーネントに明確に定義されていることで

【訳注1】　ここでは全体の複雑さを独立したモジュール（もしくはコンポーネント）に分割し、各モジュールを変更したり置き換えたりしやすくなっていることを意味します。

す（つまり、受信ポートと送信ポートのようなインターフェイスを明確に定義することなのです）。たとえるなら、コンポーネントはLEGOブロック【訳注2】のようなものです。LEGOブロックは他のLEGOブロックと組み合わせられるように突起を持つ部分とその突起を差し込む部分を持っており、それらの突起とその突起を差し込む部分を適切に組み合わせることで、様々なものを作り上げられるようになっています。もちろん、本書が「コンポーネント」と呼んでいるものを他の人が「モジュール」と呼んだとしても私自身はそのことをまったく気にはしません。単に、これ以降本書では、そのようなモジュールのことを「コンポーネント」と呼ぶということを知っておいてほしいだけなのです。

この章では、コンポーネントが意味することを、専用の名前空間（パッケージ）が用意されており、明確に定義されたAPIを持つクラスの集まりのこととしています。もし、他のコンポーネントがこのコンポーネントの機能を必要とするのであれば、このコンポーネントのAPIを呼び出して、目的の機能を実施させるようにします。ただし、このとき、このコンポーネントは内部（internal）へのアクセスはできないようにしておきます。また、場合によっては、コンポーネント自体が小規模なサブコンポーネントを組み合わせて構築されることもあります。このような場合、これらのサブコンポーネントはコンポーネントの内部に存在することになるため、外部からはアクセスされないことになります。ただし、コンポーネントが公開するAPIを経由すればサブコンポーネントに含まれている機能を利用できるようにすることは可能です。

結局のところ、コンポーネント基盤のアーキテクチャが目的としているのは、他のアーキテクチャと同じように、どの方向への依存が可能で、どの方向への依存が不可能なのかを明確にすることなのです（図14.1）。

【訳注2】 プラスチック製のブロックを組み合わせて遊ぶおもちゃ。https://www.lego.com/ja-jp

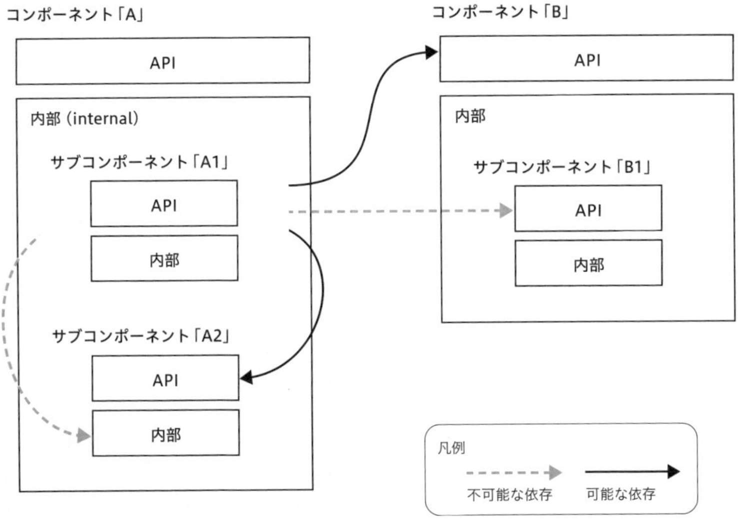

図14.1　コンポーネントの内部（internal）パッケージへの依存はできなくする一方、APIパッケージへの依存はできるようにする。ただし、他のコンポーネントの内部パッケージ内にあるAPIパッケージへの依存はできなくする

図14.1には、最上位のコンポーネントとしてコンポーネント「A」とコンポーネント「B」を挙げています。コンポーネント「A」には2つのサブコンポーネント（「A1」と「A2」）があるのに対し、コンポーネント「B」には1つのサブコンポーネント（「B1」）があります。

もしサブコンポーネント「A1」がコンポーネント「B」の機能を呼び出す必要がある場合、サブコンポーネント「A1」はコンポーネント「B」のAPIを呼び出して、その機能を実行させます。しかしながら、サブコンポーネント「A1」はコンポーネント「B」の内部にあるサブコンポーネント「B1」のAPIを直接呼び出すことはできません。なぜなら、サブコンポーネント「B1」はコンポーネント「B」の内部にカプセル化されているため、コンポーネント「B」の外からはアクセスできないようになっているからです。ただし、サブコンポーネント「B1」はコンポーネント「B」のAPIを介して自身の機能を提供することは可能です。実際にコードを使った事例は14.2節で紹介します。

これと同じルールが他のサブコンポーネントにも適用されます。たとえば、サブコンポーネント「A1」がサブコンポーネント「A2」の機能を必要とする場合、サブコンポーネント「A1」はサブコンポーネント「A2」のAPIを呼び出して、その機能を利用します。ただし、サブコンポーネント「A1」はサブコンポーネント「A2」の内部にはアクセスできません。

以上がコンポーネント基盤のアーキテクチャに関することになります。まとめると、コンポーネント基盤のアーキテクチャには次に挙げる4つのルールがあることになります。

- コンポーネントは特定可能な専用の名前空間を持つ。
- コンポーネントは専用のAPIを持ち、それ以外のものは内部に隠蔽する。
- コンポーネントのAPIは外部から呼び出せるようにするが、内部へのアクセスはできないようにする。
- コンポーネントはその内部を構成するものとしてサブコンポーネントを持つことができる。

この4つのルールを具体的に見ていくため、次の14.2節では、コンポーネント基盤のアーキテクチャを実際にどのように実装するのかを見ていきます。

14.2 事例：「検証エンジン（check engine）」コンポーネントの構築

ここからは、コンポーネント基盤のアーキテクチャの事例として、かつて、私が作成した実際のソフトウェアのプロジェクトから抽出したコンポーネントについて見ていきます（このプロジェクトは私が所有するGitHubのリポジトリ[2]から入手可能です）。そうすると、このプロジェクトは比較的少ない労力でコンポーネントを抽出できるようになっていること、および、コンポーネン

【2】 https://github.com/thombergs/components-example

トが属するソフトウェアのプロジェクトについて何も知らなくてもコンポーネントを理解できるようになっていることの2つの事実に気づきます。そして、これらの事実に目を向けたとき、このプロジェクトはシンプルな規約に従ったコンポーネントに分割できるようになっていることで、このプロジェクトの複雑さが解消されていることがわかるでしょう。

このプロジェクトでは、Kotlinを使って実装していますが、ここで適用している概念は他のオブジェクト指向言語でも適用できます。

今回見ていくコンポーネントは「検証エンジン（check engine）」と呼んでいるもので、Webページを解析し、その解析したWebページに対して様々な検証を行なうようになっています。このコンポーネントが検証するものには、たとえば、「WebページのHTMLは適切なのか？」、「Webページ上にスペル間違いはあるのか？（もし、あるのであれば、どの単語か？）」などがあります。

Webページを解析すると多くの間違いが検出される可能性があるため、これらの検証は非同期で行なわれるようにします。そのため、このコンポーネントには各検証のスケジュールを調整するAPIとそれらの検証結果を収集するAPIを備えなければなりません。そこで、このことを実現するため、実行する検証のリクエストを格納するキュー（queue）と実行された検証結果を格納するデータベースを設置することにしました。

このコンポーネントを利用する側からすると、この検証エンジンのコンポーネントが単一のコンポーネントとして構築されているのか、あるいはいくつものサブコンポーネントを用いて構築されているのかということは意識しなくてもよいことです。つまり、このコンポーネントを利用する側にとって重要なのは、要求を満たせるAPIをこのコンポーネントが提供しているのか否かということだけで、内部の詳細については干渉する必要がないことになります。そして、先ほど述べた要求の観点から考えてみると、検証エンジン内には自然と分割できるサブコンポーネントの境界があることになります。そして、この検証エンジンのコンポーネントを境界に沿ってサブコンポーネントに分割すれば、このコンポーネントが抱える複雑さをよりシンプルに管理できるようになります。なぜなら、各サブコンポーネントが扱う問題はコンポーネントそのものが抱える問題よりもシンプルなものになるからです。

今回の場合であれば、次に挙げるサブコンポーネントに分割することが考えられます。

- **キュー（queue）**：このサブコンポーネントはキューにアクセスできるようになっており、実行する検証のリクエストをキューに格納したり、それらのリクエストをキューから取り出したりするようになっている。
- **データベース**：このサブコンポーネントはデータベースにアクセスできるようになっており、検証結果をデータベースに格納したり、それらの検証結果をデータベースから取り出したりするようになっている。
- **検証実行（check runner）**：このサブコンポーネントはどの検証を実行するのかを知っており、キューから検証に関するリクエストを受け取るとその検証を実行するようになっている。

ここで意識してほしいのが、これらのサブコンポーネントを分離する境界は基本的に技術的な境界であるということです。そして、これらのサブコンポーネントはヘキサゴナルアーキテクチャの送信アダプタと非常に似ており、外部システム（今回の場合だと、キューとデータベース）にアクセスするための詳細をサブコンポーネントの中に隠すようになっています。そうなると、検証エンジンのコンポーネントはドメインに関するコードをほとんど持たない非常に技術的なサブコンポーネントだけで構成されていることになります。そして、これらのサブコンポーネントの中で、ドメインのコードとして見ることができるのはある種のコントローラとして振る舞う検証実行（check runner）のサブコンポーネントだけになります。このように技術的なコンポーネントとなるコードで構成されたコードベースはコンポーネント基盤のアーキテクチャを適用するのに非常に適しています。なぜなら、これらのコンポーネント間に存在する境界は機能的に異なるドメイン間にある境界よりも明確だからです。

それでは、この検証エンジンのコンポーネントにおけるアーキテクチャの詳細を見ていきましょう（図14.2）。

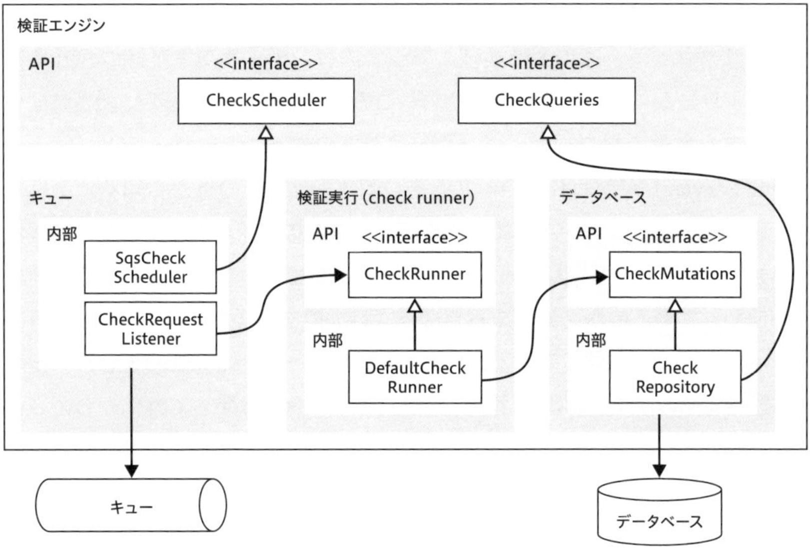

図14.2　検証エンジンのコンポーネントは3つのサブコンポーネントによって構成されており、コンポーネントのAPIを介してサブコンポーネントを使えるようになっている

この図はコードの構造を反映したものであり、四角形で表わしたものをJavaのパッケージ（もしくは、他のプログラミング言語であればソースコードを格納するフォルダ）として見ることができます。そして、大きな四角の中に存在する小さな四角はサブパッケージを示しており、最終的に何も含まない四角はクラスやインターフェイスを示しています。

この検証エンジンのコンポーネントが公開しているAPIの中にはCheckSchedulerインターフェイスとCheckQueriesインターフェイスがあり、この中のCheckSchedulerインターフェイスはWebページの検証を行なうスケジュールを調整するためのもので、もう一方のCheckQueriesインターフェイスは検証結果を取得するためのものとなっています。

CheckSchedulerインターフェイスはSqsCheckSchedulerクラスに実装されており、このSqsCheckSchedulerクラスはキューを扱うサブコンポーネントの内部（internal）パッケージに置かれるようになっています。このように、キューを扱うサブコンポーネントは検証エンジンのコンポーネントが持つAPIを補助するようになっています。そのため、このサブコンポーネントに隠されているクラスの名前を見ないと、コンポーネントの内部でAmazon SQS（Simple Queue Service）が使われていることをコンポーネントの外から知ることはできません。このような実装の詳細は検証エンジンのコンポーネントの外に漏洩すべきではなく、同じ階層のサブコンポーネントであっても、キューの技術に何が使われているのかを漏洩すべきではないのです。また、キューのサブコンポーネントに目を向けてみると、そこにはAPIパッケージがありません。そのため、キューのサブコンポーネントを構成するクラスはすべて外部から隠されることになります。

一方、キューのサブコンポーネント内にあるもう1つのクラスであるCheckRequestListenerクラスは検証を実行するリクエストをキューから受け取るためのものであり、リクエストを受け取るたびに、検証実行（check runner）のサブコンポーネントが持つAPIパッケージ内のCheckRunnerインターフェイスを呼び出しています。ここで呼び出されるCheckRunnerインターフェイスは同じサブコンポーネントの内部パッケージ内にあるDefaultCheckRunnerクラスによって実装されます。そして、この実装クラスとなるDefaultCheckRunnerクラスは受け取ったリクエストに含まれているWebページのURLを読み込み、どの検証を行なうのかを決定したら、その決定された検証を実行するようになっています。

そして、その検証を終えると、DefaultCheckRunnerクラスはデータベースのサブコンポーネントが持つAPIパッケージ内のCheckMutationsインターフェイスを呼び出して、その検証結果をデータベースに格納します。このとき、呼び出されるCheckMutationsインターフェイスは同じサブコンポーネント内にある内部パッケージ内のCheckRepositoryクラスによって実装され、データベースへの接続や操作がこの実装クラスによって実際に行なわれるようになっています。つまり、ここでも、データベースの技術に何が使われているのかという知識はデータベースのサブコンポーネントの外に漏洩されないようにしているのです。

さらに、このCheckRepositoryクラスは検証エンジンのAPIにあるCheckQueriesインターフェイスも実装しており、検証結果を取得するためのメソッドが実装されるようになっています。

このように、検証エンジンを3つのサブコンポーネントに分割することで検証エンジンが抱える複雑さは分割されることになります。その結果、各サブコンポーネントは全体の問題の中の一部だけを解決すればよくなり、他のサブコンポーネントのことを考えずに、独自に進化できるようになります。そのため、仮にキューやデータベースの技術がコストやスケールのしやすさなどの理由で変わったとしても、そのことが原因で他のサブコンポーネントに影響が出ることはありません。そして、このような設計になっていることで、テスト時に、サブコンポーネントをメモリ上で稼働するシンプルな実装に置き換えるようなことも可能になります。

これらのことはすべて、コードをコンポーネントで管理し、各コンポーネントにAPIと内部とに分けたパッケージを持たせるというシンプルなパターンに従わせることで実現できます。

14.3　コンポーネント間の境界の強制

実装を規約に従わせることでアーキテクチャを形成することはメリットもありますが、強制力がないと、規約に沿わない実装が紛れ込んでしまい、アーキテクチャが崩壊してしまう危険性が出てきます。そのため、コンポーネント基盤のアーキテクチャを確立させるのであれば、規約に従った実装を強制させる必要があります。

コンポーネント基盤のアーキテクチャの優れたところは、間違った依存が入り込まないことを保証する次に示すような適応度関数（fitness function）を比較的シンプルに定義できることにあります。

「内部（internal）」パッケージの外にあるクラスは、「内部（internal）」パッケージ内のクラスにはアクセスできない。

つまり、コンポーネントの内部を構成するものをすべて「内部（internal）」パッケージ（もしくは、同等の意味を持つパッケージ）に入れておけば、あとは、このパッケージに含まれているクラスがこのパッケージの外から1つも呼び出されていないことを確認するだけで済むようになるのです。Javaベースのプロジェクトであれば、ArchUnitを用いることで、この適応度関数を次のようにコードとして表現できます[3]（このコードはKotlinで実装されています）。

```
fun assetPackageIsNotAccessedFromOutside(internalPackage: String) {
    noClass()
        .that()
        .resideOutsideOfPackage(packageMatcher(internalPackage))
        .should()
        .dependOnClassesThat()
        .resideInAPackage(packageMatcher(internalPackage))
        .check(analyzedClasses)
}
```

このテストでは、すべての「内部（internal）」パッケージを見つけ出し、そのパッケージの外にあるクラスがパッケージ内のどのクラスにも依存していないことを確認します。そして、このテストがビルドされるたびに実行されるようにすれば、内部パッケージの外にあるクラスがそのパッケージ内のクラスに依存したとき、そのビルドはすぐに失敗するようになり、速やかにその間違いを修正できるようになります。

この適応度関数では、テスト対象のアーキテクチャを構成するコンポーネントがどこにあるのか明示的に知る必要はないようになっており、必要なのは、規約に従って内部パッケージがどこにあるのかを見つけ出し、そのパッケージ内のクラスが定義した規約に従っているのかを検証することだけになります。

【3】 https://github.com/thombergs/components-example/blob/main/server/src/test/kotlin/io/reflectoring/components/InternalPackageTest.kt

そのため、コンポーネントが増えたり減ったりしても、そのことが原因でこの適応度関数を変更することはありません。このようにすることで、非常に簡単に規約が遵守されていることを確認できるようになります。

MEMO

上記の適用度関数は第12章で見た適用度関数とは逆の作りになっています。第12章の適用度関数では、明示的に指定したパッケージ内のクラスがそのパッケージの外にあるクラスからアクセスされていないことを確認するものになっていたのに対し、今回の適用度関数では、検出した内部パッケージの外にあるクラスがその内部パッケージ内のクラスにアクセスしていないことを確認するようになっています。このようにすることで、第12章の適用度関数とは異なり、使用しているライブラリごとに例外となるパッケージを設定しなくてもよくなるため、今回の適用度関数のほうがより安定することになります。

もちろん、このような適用度関数を設けたからといって、この規約に従わない間違った依存が内部パッケージに持ち込まれてしまう危険性を完全に取り除けるわけではありません。なぜなら、この適用度関数にはまだ抜け穴があるからです。たとえば、最上位のコンポーネントの内部パッケージに直接クラスを配置した場合、そのクラスはどのサブコンポーネントの内部パッケージのクラスであってもアクセスできることになります。これを防ぐには、適用度関数をさらに追加する必要があります。

14.4 この章がどのように保守のしやすいソフトウェアを構築する際の助けとなるのか？

コンポーネント基盤のアーキテクチャは非常にシンプルです。なぜなら、各コンポーネントは専用の名前空間、および、専用の「API」パッケージと「内部（internal）」パッケージを持ち、内部パッケージ内のクラスが外部からアクセスされないようになってさえいればよいからです。そして、このようにすることで、コードベースは複数のコンポーネントで構成されることになり、コンポーネントを作り直したり置き換えたりすることが容易になって、保守がしやすくなります。

たしかに、コンポーネント基盤のアーキテクチャにおける規約にはいくつかの抜け穴もありますが、アーキテクチャ自体は非常にシンプルな作りになっているため、アーキテクチャを簡単に理解でき、アーキテクチャに関する会話を同僚と容易に行なえるようになります。このように、アーキテクチャが容易に理解できるようになっていれば、保守のしやすさが向上します。そして、保守のしやすさが向上すれば、抜け穴をすり抜けた間違いがコードベースに持ち込まれる可能性は低くなります。

ここまで見てきたように、ヘキサゴナルアーキテクチャはアプリケーションの観点からの境界を意識しているのに対し、コンポーネント基盤のアーキテクチャはコンポーネントの観点からの境界に目を向けています。そのため、アーキテクチャの選択肢として、ヘキサゴナルアーキテクチャの中にコンポーネント基盤のアーキテクチャを埋め込むことは何も問題にはなりません。あるいは、最初からヘキサゴナルアーキテクチャを用いずに、シンプルなコンポーネント基盤のアーキテクチャから始め、必要に応じて他のより複雑なアーキテクチャに変えていくことなども選択肢として考えられるようになります。コンポーネント基盤のアーキテクチャは設計によってモジュール性を高めるものとなっており、そのアーキテクチャを構成するコンポーネントは置き換えたり作り直したりすることが容易なものになっています。

最終章となる次の第15章では、アーキテクチャに関するまとめと、いつアーキテクチャを選択すべきなのかという疑問に答えていこうと思います。

15

アーキテクチャの決定

本書ではここまで、ヘキサゴナルアーキテクチャを採用したWebアプリケーションを例に、私が最善だと考えているアーキテクチャの実装を提示してきました。また、パッケージ構成から短絡的な実装まで、ヘキサゴナルアーキテクチャを採用することで直面するであろう疑問に対する私の答えも示してきました。

本書が提示した答えの中には、従来の多層アーキテクチャに採用できるものもあれば、ドメインを中心に考える設計でしか適用できないものもありました。さらには、読者の経験上、機能しなかったものや賛同できないものもあったことかと思います。

この最終章では、ヘキサゴナルアーキテクチャを実際に使うべきなのはどのような場合なのか、そして従来の多層アーキテクチャ（もしくはさらに別のアーキテクチャ）を使い続けるべきなのはどのような場合なのかについて考えていきます。

15.1　最初はシンプルに

私が長いあいだソフトウェアのアーキテクチャと携わってきた中で学んだ重要なことは、ソフトウェアのアーキテクチャはプロジェクトが始まるときに定義さえしておけば、そのあとは、何もしなくてもうまくいくようなものではないということです。なぜなら、目的のソフトウェアの開発が始まる前に、素晴らしいアーキテクチャを設計するために必要なことをすべて知ることはできないからです。ソフトウェアに適用するアーキテクチャは時間と共に変わるものであり、変化する要求に応えられるものでなければなりません。

つまり私が言いたいのは、長い目で見た場合、どのアーキテクチャが最も優れているのかを知ることはできず、ソフトウェアの成長に伴って採用するアーキテクチャを変えなければならないことも可能性としては当然あるということです。そして、このことに対応できるようにするためには、ソフトウェアは変更に対する柔軟性を確実に備えておかなければなりません。言い換えると、ソフトウェアに保守をしやすくする種を埋めておかなければならないということです。

そのためには、コードベースをコンポーネントに分割できる作りにしなければなりません。そして、その分割した各コンポーネントは他のコンポーネントから独立していなければならず、必要に応じてコードベースの様々な場所に配置できるようになっていなければなりません。そして、採用するアーキテクチャはこれらのコンポーネント間の境界を可能なかぎり明確になるようにし、コンポーネント間で意図しない依存が間違って持ち込まれることを防いで、保守のしやすさが失われないようにしなければなりません。

ここまで見てきたように、CRUD操作を行なうユースケースしか持たないソフトウェアであれば、ヘキサゴナルアーキテクチャのようなドメイン中心のアーキテクチャを採用しても、結果として不必要な複雑さを持ち込んでいるだけになってしまうことがあります。そのような場合であれば、コンポーネント基盤のアーキテクチャなどのよりシンプルなアーキテクチャを採用するほうがより望ましい結果になることもあります。一方、それとは逆に、最初からプロジェクトが今後どのようになるのかを推測できるほど十分に把握できているのであれば、最初から豊富なドメインモデルを構築し、ヘキサゴナルアーキテクチャのようなドメイン中心のアーキテクチャを用いることが正しい選択肢となることもあります。

15.2　ドメインの進化

開発者は担当しているソフトウェアと過ごす時間が長くなるにつれ、ソフトウェアに要求されることへの理解がさらに深まり、その結果、採用するアーキテクチャに関して以前よりも優れた選択を行なえるようになります。仮に、CRUD操作を行なうユースケースしか持たないアプリケーションとして始まったとしても、時間が経つにつれて、多くのビジネスルールを扱う豊富なドメインを表現するコードで構成されたアプリケーションに変わっていくことがあります。このような場合であれば、ヘキサゴナルアーキテクチャを採用することは適切な選択肢となります。

これまでの章で明らかにしてきたように、ヘキサゴナルアーキテクチャにとって最も重要なことは、ドメインに関するコードをドメインとは関係ないこと（たとえば、永続化層の関心事や外部システムへの依存など）から束縛されずにソフトウェアの開発が行なえることです。私の個人的な考えとしては、ドメイン層のコードを外部から影響を受けることなく進化させられることがヘキサゴナルアーキテクチャを採用する上で最も重要な論点だと思っています。

まさに、このことがドメイン駆動設計を実践するのにヘキサゴナルアーキテクチャを採用することが優れた選択肢となる理由なのです。「ドメイン駆動設計」という名前からわかるように、ドメイン駆動設計ではドメインが開発を進める要素となります。そして、永続化やその他の技術的な関心事について考える必要がなくなれば、ドメインについてもっと深く理解できるようになります。

私個人としては、**ヘキサゴナルアーキテクチャのようなドメインを中心とするアーキテクチャでないとドメイン駆動設計は実現できない**と考えています。結局のところ、ドメインを中心に展開するアーキテクチャを採用できなかったり、依存の方向がドメイン層のコードに向かうようにすることができなかったりするのであれば、本当の意味でのドメイン駆動設計を実現することはできないのです。なぜなら、そのような妥協を持ち込んでしまうと、ドメイン層のコードは常にドメインとは関係のないことによって振り回されることになるからです。

まとめると、ヘキサゴナルアーキテクチャを採用するのか否かを判断する第一の指標は、開発するアプリケーションにおいてドメイン層のコードが最も重要な要素なのか否かということになります。そして、**もし、ドメイン層のコードが最も重要な要素でないのであれば、ヘキサゴナルアーキテクチャを採用する意味はきっとないということになります。**

15.3 自身の経験への信頼

人間は習慣の生き物です。そのため、人間は習慣に従って決断を下すようになっており、そうすることで、決断を下すのにあまり時間をかけなくても済むようにしています。たとえば、もし、ライオンが私たちのほうに勢いよく向かってきたら、私たちはすぐに逃げようと選択するでしょう。もし新たにWebアプリケーションを構築することになった場合、その開発に携わる開発者たちが従来の多層アーキテクチャを用いた開発を過去に何度も行なっていて、そのことが習慣となっているのであれば、自然とそのアーキテクチャを選択することになるでしょう。

ただし、誤解してほしくないのですが、このような習慣に基づいた決断が必ずしも悪い結果になるわけではありません。習慣は間違った決定をする要素になるのと同じように正しい決定をする要素にもなるのです。つまり、ここで私が理解してもらいたいのは、私たち人間は過去の経験に基づいて今も同じことをするということです。そのため、私たち人間は大きな問題を起こすことなく過去と同じことを何度も行なっていると、そのことを変える動機がなくなってしまいます。

新たなアーキテクチャを選択する際に適切な判断を下せるようになる唯一の方法は、そのアーキテクチャを実際に体験してみることです。もし、ヘキサゴナルアーキテクチャを採用することに確信を持てないのであれば、現在携わっているアプリケーションの小さなモジュールでヘキサゴナルアーキテクチャを試してみるのがよいでしょう。そうして、新たな概念に慣れていけば、自然とそのアーキテクチャに対する不安はなくなっていきます。そのため、本書に関して言えば、まずは、本書が提示した考えを適用し、それから、その適用したものを自身の開発に合うように修正し、最終的に、自身にとって最も費用対効果が高い開発スタイルを確立するのがよいでしょう。

そして、その経験は次の開発におけるアーキテクチャの選択において重要な指針となるでしょう。

15.4 結論

いくつかの質問に答えていくことで、どのようなアーキテクチャを採用するのが最も効果的なのかを導き出す仕組みをもし提供できたならばと、私は想像することがあります。たとえば、インターネットでよく目にする「あなたはどのような性格なのか？」「あなたの性格を犬にたとえるとどの犬種に該当するのか？」というような性格診断テストのようなものを提供することです[1]。

しかしアーキテクチャの選択は性格診断テストほど単純ではありません。なぜなら、どのアーキテクチャを選択するのがよいのかという質問に対する答えは、最終的に「時と場合による」ということに行き着いてしまうからです。結局のところ、どのようなアーキテクチャが最善なのかという問いに対する答えは、構築しようとしているソフトウェアの種類は何なのか、ドメイン層のコードの役割は何なのか、開発チームに参加している人たちの経験はどのくらいなのかによって変わります。そしてもっと重要なのは、下した決断に対して抵抗なく開発を進めることができるのかが成否を分けるという点になります。

このように、アーキテクチャの問題を解決する方法は1つだけしか存在しないわけではなく、時と場合によって変わることもありますが、本書がそのようなアーキテクチャにおける問題を解決するためのきっかけになればと願っています。もし、アーキテクチャに関する決断について（ヘキサゴナルアーキテクチャを採用しているのか否かに関係なく）共有したいことがあるのであれば、私は喜んでその話を聞きたいと思っています[2]。

【1】 どうやら、私は「番人」型の性格で、犬にたとえると「ピットブル」型に該当するようです。

【2】 もし、そのような話を共有できるのであれば、tom@reflectoring.io宛にご連絡ください（訳注：もちろん、英語でお願いします）。

索引